香港財經移動出版

Reciprocal Tariffs

特朗普的作死關稅

統先生：
對關稅
逆差的
像全部是
的

美中貿易失衡
背後的結構真相

赤字的
雙重角色

百年輪迴

以關稅為名的
經濟民族主義

絞殺美元霸權

編　　著：香港財經移動出版

出　　版：香港財經移動出版有限公司

地　　址： 香港柴灣豐業街 12 號啟力工業中心 A 座 19 樓 9 室

電　　話：（八五二）三六二零 三一一六

發　　行：一代匯集

地　　址：香港九龍大角咀塘尾道 64 號龍駒企業大廈 10 字樓 B 及 D 室

電　　話：（八五二）二七八三 八一零二

印　　刷：培基雷射分色有限公司

初　　版：二零二五年四月

如有破損或裝訂錯誤，請寄回本社更換。

免責聲明

本書僅供一般資訊及教育之用途，並不擬作為專業建議或對任何投資計劃的具體推薦。本書的出版商、作者以及參與創作本書的任何其他人士、機構於提供的信息的準確性、可靠性、完整性或及時性不作任何陳述或保證。金融市場瞬息萬變，本書的信息隨時發生變更，我們不能保證讀者使用時是最新的。

我們已竭力提供準確的信息，對於因提供的信息中的任何錯誤、不準確之處或遺漏，或基於本書中提供的信息而採取或不採取的任何行動，我們概不負責。讀者有責任自行研究並在進行投資計劃之前自行評估核實。本書的出版商、作者對因使用本書中提供的信息而可能導致的任何損失、不便或其他損害概不負責。

PRINTED IN HONG KONG

ISBN：978-988-76533-9-4

目錄

導言

2025年4月，一場引發全球震盪的關稅風暴席捲而來，美國總統在「解放日」當天宣布大幅提高進口關稅。這項激進政策標榜要重振美國經濟，縮小貿易逆差並保護本土產業。然而，在叫好與譴責聲中，此舉也伴隨著複雜的經濟議題：美國的巨額貿易逆差究竟意味著什麼？高關稅真的能藥到病除嗎？

本書將以深入淺出的方式，帶領讀者探索這場關稅風暴的來龍去脈和背後邏輯。我們將梳理從「解放日」事件的背景，到特朗普總統總統聲稱的政策目標，包括解決貿易逆差、保護產業、增加財政收入等。接著，我們會討論貿易逆差的真相：它是否如政治宣傳所言代表「被剝削」？還是經濟結構使然？在此過程中，我們將認識美元作為全球儲備貨幣的特殊地位，以及財政赤字與國債如何與貿易逆差互相牽動。

歷史常為當下提供借鑒。我們將回顧美國關稅政策史上的幾個重要篇章，從19世紀末的麥金萊關稅到引發大蕭條的斯穆特-霍利關稅，看看高關稅曾帶來哪些後果。這將幫助我們評估2025年新關稅政策的合理性與風險。書中也會引用經濟學界對此政策的批評與研究結果，以平衡觀點。

在討論政策效果的同時，我們不會忽視數據與言論中的陷阱：政治人物的數據往往有選擇性，本書將剖析官方宣稱的統計可能存在的偏差，幫助讀者練就數據判讀的慧眼。

我們力求用輕鬆易懂但嚴謹的語言來討論以上議題，並配以圖表和示意圖來說明關鍵概念（如美國貿易逆差趨勢、全球關稅比較、財政赤字與貿易逆差關係等）。希望透過這本書，讓一般讀者也能全盤了解這場關稅風暴的前因後果，以及其對美國和全球經濟可能產生的深遠影響。

第 1 章

「解放日」——關稅風暴的起點

2025 年 4 月 2 日，美國發生了什麼？

2025 年 4 月 2 日，美國總統特朗普在白宮舉行記者會，拋出一系列石破天驚的關稅新政，並將當天命名為「解放日」。該政策包含兩層稅制：第一，對除北美鄰國以外的所有進口商品統一徵收 10% 基本關稅；第二，對約 60 個被認為貿易「不公」的國家額外加徵懲罰性「對等關稅」，計算方式如下：

$$\text{對等關稅率} = \frac{\text{美國對該國貿易逆差}}{\text{該國對美出口總額}} \times 50\%$$

截至 2025 年 4 月中旬，美國對中國商品的總關稅稅率已達 145%，創下歷史新高。這一稅率是由多項關稅措施累加而成，包括：

10% 基本關稅：適用於除加拿大和墨西哥外的所有進口商品；

34% 對等關稅：針對中國的貿易逆差計算得出；

20% 芬太尼相關關稅：針對中國出口的芬太尼化學品；

25% 301 條款關稅：針對特定中國商品；

50% 額外懲罰性關稅：作為對中國報復性關稅的回應。

這些關稅的疊加導致對中國商品的總稅率達到 145% 。此外，白宮於 4 月 15 日發布的《事實清單》指出，若中國繼續實施報復性措施，對中國商品的關稅稅率可能進一步提高至 245% 。

此一政策背後體現川普政府的經濟民族主義思想：以逆差為懲罰依據，強化關稅作為對外施壓與談判籌碼的雙重角色。經濟學界則批評此公式忽略結構性原因與全球供應鏈影響，恐將導致貿易戰升級與全球經濟動盪。此外，針對部分特定國家祭出更高的懲罰性關稅：「對等關稅」清單顯示，歐盟商品 20%，臺灣 32% 等。也就是說，美國將對來自中國的產品課徵額外關稅，使其總稅率遠高於普遍水平。

在特朗普總統眼中，美國的貿易逆差早已不單是統計數據上的經濟問題，而是一場歷時半世紀的「國家掠奪」。2025 年 4 月 2 日，他在記者會上將貿易逆差形容為：「美國過去 50 年一直被遠近各國的朋友與敵人掠奪、劫掠、強暴與掏空。」這種語言的強度，遠遠超越傳統政治語彙，更像是戰時動員令的口氣，將經濟不平等敘事上升為生死存亡的國家榮辱。

不久之後，他又進一步將貿易逆差定義為「所有不公平貿易行為與欺詐行為的總和」，用道德化的語言將貿易失衡與「欺詐」、「剝削」等負面意涵直接聯繫，營造一種正義對抗不義的對立框架。在此邏輯下，高關稅就不只是保護手段，而是一種報復性的糾偏，甚至是一場經濟正義的實踐。

至於高關稅的作用，特朗普總統則堅信能夠一舉多得。他在同一次演說中宣稱：「這些關稅將使美國重新富有。」他認為，新關稅制度不僅能阻止廉價進口品湧入，減少對外國商品的依賴，還能帶來三項附加價值：第一，為本土產業築起護城河，讓美國工業重新站起來；第二，為聯邦政府帶來可觀財政收入；第三，作為對外談判的施壓工具，讓其他國家「主動接觸」，換取美方的讓步。

針對這第三點，他還特別提到中國：「中國渴望達成協議……如果他們主動接觸，我會非常慷慨。」這種說法既透露出他對施壓外交的偏好，也彰顯出他將貿易政策視為力量博弈的一部分。他期待透過加稅形成談判籌碼，逼迫對方讓步，而非單靠協商換取成果。

特朗普總統對關稅政策的定位，並不僅止於經濟計算。他將這些政策置於更大的國家願景之中：恢復美國的「黃金年代」。在其執政敘事中，嚴控非法移民、重振製造業、推動能源獨立等構成完整框架，而高關稅政策正是其中關鍵一環。他強調，美國必須在邊界、安全、經濟、文化各方面「重新自主」，才能重返榮耀與繁榮。

特朗普總統的關稅政策建基於一套明確的世界觀與敘事邏輯——

他視全球貿易為一場不對等的權力競技，而非單純互利交換。在這樣的框架下，保護主義不僅是策略上的選擇，更是對過去「失落歲月」的補償與報復。無論經濟學界如何質疑這些政策的實際效果，對特朗普總統與其支持者而言，高關稅是「讓美國再次強大」不可或缺的一步。對他來說，這不只是經濟政策，更是一場「經濟民族主義」的宣言。

這項政策預定在 4 月 5 日正式生效，一經發布立即震撼全球市場。當日晚間，美國股市暴跌，道瓊工業指數單日跌幅創近年紀錄；亞洲與歐洲市場也同步下挫。投資人憂心此舉將引爆新一輪貿易戰，引發全球經濟放緩。

自特朗普總統於 4 月 2 日宣布大規模關稅措施以來，全球股市，包括美國和亞洲市場，經歷了劇烈波動。以下是美股及亞洲主要股市的連續表現及數據：

美股（4 月 2 日至 4 月 11 日）

4 月 2 日：道瓊工業指數暴跌逾 4,000 點（約 9.48%），標普 500 指數下跌 10%，納斯達克指數下跌 11%，市值蒸發超過 6.6 萬億美元。

4 月 3 日 -4 月 4 日：道瓊指數分別下跌 1,679 點（3.98%）及 2,231 點（5.5%），標普 500 和納斯達克進入熊市區間。

4 月 7 日 -4 月 9 日：川普宣布暫停部分關稅 90 天，市場迎來短暫反彈，道瓊指數單日上漲近 2,900 點，標普 500 和納斯達克分別上漲 9.52%

和 12.2%。

4 月 10 日 -4 月 11 日：市場情緒再度轉弱，但本週整體錄得顯著反彈，道瓊指數週漲幅達 5%，標普 500 上漲 5.7%，納斯達克上漲 7.3%。

亞洲主要股市

4 月 2 日至 4 月 7 日：暴跌

日本

4 月 6 日，Nikkei 225 指數暴跌 6.40%，Topix 指數下跌 6.62%，創 18 個月新低 25。

4 月 7 日，Nikkei 225 進一步下跌 8.83%，Topix 指數下跌 9.6%，交易一度因觸發熔斷機制暫停 257。

中國

上海綜合指數在 4 月 7 日下跌 7.3%，CSI300 指數下跌 7.5%57。

香港

香港恆生指數在同一天暴跌 13.22%，創 2008 年以來最大單日跌幅。

韓國

韓國 Kospi 指數在 4 月 6 日下跌 5.01%，Kosdaq 指數下跌 4.37%28。

澳洲

澳洲 S&P/ASX 200 指數在同一天下降 5.34%，進入修正區間 28。

4 月 9 日至 4 月 11 日：反彈與震盪

日本

Nikkei 225 在川普宣布暫停部分關稅後大幅反彈，於 4 月 9 日上漲 9.13%，Topix 指數上漲 8.09%3。

中國與香港

中國市場受北京刺激政策影響，上海綜合指數上漲 0.6%，深圳成分指數上漲 1.2%。香港恆生指數亦回升 2%13。

其他亞洲市場

台灣加權指數在 4 月 9 日上漲 2.7%，印度 NIFTY 50 上漲 1.9%。

亞洲股市在川普關稅政策的影響下，先是出現大幅下挫，隨後因政策調整和各國刺激措施有所回升。然而，整體市場仍面臨高度不確定性，尤其是對全球經濟衰退的擔憂。

美國內外連鎖反應

消息傳出後，美國國內與盟友國家均反應強烈。一方面，美國政府同時宣布削減國內科研和公共衛生預算，加劇市場不安；另一方面，許多國家迅速表示將採取報復措施。中國、歐盟、加拿大等美國主要貿易夥伴紛紛警告，若美方堅持施行高關稅，他們別無選擇只能反擊。短短幾天內，各國財長與貿易代表展開緊急磋商，有的尋求談判豁免，有的制定報復清單，全球陷入高度緊張的貿易對峙氛圍。

關稅的歷史性轉折點

專家將 2025 年的「解放日」與歷史上臭名昭著的《斯穆特－霍利關稅法案》相提並論。後者是 1930 年美國大幅提高關稅的法案，被普遍認為加劇了大蕭條的全球蔓延。「解放日」關稅之廣、之高，為二戰以來所罕見，被視為美國向貿易保護主義大倒退的一步。不少評論指出，這標誌著自由貿易秩序的一次重大挫折，可能重塑國際經濟版圖。

2025 年 4 月 2 日的「解放日」以一連串突如其來的高關稅措施揭開序幕，在美國國內外引發劇烈震盪。接下來，我們將深入探討這些政策背後的理據：特朗普總統為何堅信關稅是治癒美國經濟痼疾的良方？

第 2 章

總統的理由——關稅藥方的四大目標

面對軒然大波，特朗普總統總統及其幕僚並非沒有論述依據。在「解放日」演説中，特朗普總統將高關稅政策包裝為重塑美國經濟的必要手段，聲稱有四大目標：

消除貿易逆差

多年來美國進口遠大於出口，形成巨額貿易逆差。特朗普總統將此描述為美國財富流失海外，希望透過關稅將逆差降至零。在他看來，只要對進口貨物課重稅，國人就會少買外國貨，美國的貿易赤字自然縮水甚至轉為盈餘。當談到貿易逆差，特朗普總統始終抱持一種極具戰鬥性的觀念。在他眼中，貿易逆差不是一種經濟現象，而是一場國家利益被持續掠奪的歷史錯誤。早在他踏入政壇之前，特朗普總統就已在書中與訪談中多次對外貿赤字表達不滿，認為美國的經濟政策「過於軟弱」，使得本國財富源源不斷流向中國、日本、墨西哥等貿易夥伴。他形容這是一場「有計劃的經濟侵略」，而美國則像個「傻瓜」，每年用大量美元換來廉價商品，卻讓工廠關閉、工人失業。

在他的邏輯裡，貿易逆差的本質是「輸」。他不接受傳統經濟學所謂「逆差不一定是壞事」的觀點，而堅信出超才代表國家強盛，進口過多就是國力受損。他曾在 2011 年的訪談中說道：「中國賺走我們每一分錢，他們比任何敵人都厲害，這不是貿易，這是搶劫。」這種信念一路延續到他擔任總統之後，並最終轉化為政策行動。

在 2025 年 4 月 2 日的「解放日」演說中，他明言自己不再容忍這種「長年累月的失血」。他宣稱，透過加徵關稅，可以「把美國人的錢留在美國」，不再輸送給別人。他堅信，只要對外國商品課以高額關稅，美國消費者就會自然選擇本地產品，國內製造業會回流，就業機會也會跟著復甦。而最終，美國的貿易逆差將「自然歸零」，甚至轉為盈餘。

在特朗普總統看來，這不僅是經濟策略，更是國家尊嚴的象徵。他將貿易逆差與國家安全、文化自主、人民尊嚴綁在一起，視其為「重建偉大」工程的一部分。他反覆強調：「一個讓人賺錢的國家，才是一個被尊重的國家。」因此，關稅不只是經濟手段，更是恢復主權、逆轉屈辱的武器。

可以說，特朗普總統的觀念是極具直覺性的。他對貿易逆差的理解，不是基於複雜的國際經濟模型，而是建立在一種深層的交易公平觀與民族榮耀感上。他相信：出口是贏，進口是輸；賺錢的是聰明人，被剝削的是笨蛋。而他，將用關稅來結束這場「掏空美國」的錯誤交易。這種世界觀，無論在經濟理論上是否成立，對支持他的選民而言，卻擁有極強的感召力。

保護國內產業

高關稅可以為本土企業築起保護牆，抵禦廉價進口品的競爭。特朗普總統總統特別提到要效法 1890 年的「麥金萊關稅」，以恢復美國製造業榮光。例如，對鋼鐵、鋁、汽車等行業徵稅，期望迫使相關生產線回流美國，創造就業。

在特朗普總統看來，美國之所以失去了往日的工業榮光，正是因為過去數十年奉行所謂的「自由貿易」，使本土企業在全球市場中陷入惡性競爭，最終不得不關廠、外移、生產外包。他形容這是一場「慢性出血式的自我削弱」，不但掏空了美國的製造實力，也摧毀了中產階級的根基。因此，他主張透過高關稅政策，為美國本土產業築起一道堅實的「經濟邊界」，抵禦外來商品的壓力，讓美國企業重新在家鄉壯大。

在眾多產業中，鋼鐵、鋁與汽車成為他特別關注的三大支柱。他認為，這些產業不僅牽涉到經濟利益，更關乎國家安全與戰略自主。

「沒有自己的鋼鐵業，就像沒有自己的骨架；沒有汽車業，就等於連自己的腿都賣給了別人。」這類說法雖近乎誇張，卻有效喚起了許多藍領工人與製造業州份居民的共鳴。

特朗普總統不僅從經濟層面論述保護產業的重要性，更將此政策置於歷史脈絡中。他多次公開表示，希望效法 1890 年《麥金萊關稅法》所締造的產業振興經驗。在那段時期，美國透過大幅提高進口關稅，成功保護了當時剛起步的工業體系，使得美國最終在 20 世紀初崛起為全球工業強國。對特朗普總統而言，麥金萊代表的是一種「主權經濟」的象徵——主動掌控市場，優先保障國民生計。

他的構想是，當美國對進口鋼鋁產品課徵高關稅後，國內企業就能在不受外國低價競爭壓力的情況下，擴大投資、重啟工廠、重新雇用美國工人。汽車產業方面，他尤其關注來自墨西哥與亞洲的組裝車輛，主張以高額關稅懲罰那些「只是把零件進口進來、然後在墨西哥組裝再賣回美國」的企業。他認為，唯有讓跨國企業付出實質代價，才會迫使他們將生產基地遷回美國。

自然，這套邏輯也遭到不少質疑。一些經濟學者指出，高關稅雖短期內可能保護本地產業，但也可能抬高消費者購買成本，減少企業的國際競爭力，甚至引發報復性關稅，傷害其他出口產業。但對特朗普總統而言，這些質疑只是「學者的空談」，他更關心的是實際選民的反應。他堅信，只要關稅能讓底特律重新響起機器轟鳴的聲音，那就代表這條路值得走到底。

報復不公平貿易及施壓談判

特朗普總統認為多數貿易夥伴長期以來對美國不公，對美產品徵收高關稅或補貼本國企業。他主張以牙還牙，對那些「剝削」美國的國家懲罰性加稅，藉此迫使對方回到談判桌。這種關稅更被形容為一種談判籌碼，美方可隨情況加碼或減免，以換取對方讓步。

在特朗普總統眼中，國際貿易從來就不是公平競爭的舞台，而是一場不對等的「掠奪遊戲」，而美國長年扮演的，是那個被佔便宜的受害者角色。他屢次公開指控美國的主要貿易夥伴，無論是中國、歐盟、日本，甚至是盟友如加拿大與南韓，都以各種手段對美國商品設下重重障礙——高關稅、補貼本國企業、設置技術壁壘，甚至操縱匯率。他常說：「我們被他們吃得一乾二淨，還得對他們笑臉迎人，這是全世界最糟糕的交易。」

正是在這樣的敘事基礎上，特朗普總統將高關稅政策塑造成一種對等報復與談判武器的結合體。他主張「以牙還牙，以眼還眼」，對那些長期「剝削」美國的國家祭出懲罰性加稅，讓對方也嚐嚐自家商品在美國市場舉步維艱的滋味。他不認為這是保護主義，反而強調這是讓對手「明白誰才是老大」。

在他的語言裡，關稅不是一項靜態的經濟政策，而是一種「動態施壓工具」。他多次形容關稅為「可加可減的槓桿」，只要他國願意坐上談判桌並做出實質讓步，他就可以「大度」地調整關稅甚至全面取消；但如果對方頑固不化或報復行動升級，美國就會「加倍奉還」。這種靈活、帶有懲罰性的策略，在他眼中，不僅展現了特朗普總統的決心，更塑造了一種「美國重新主導國際秩序」的姿態。

以中國為例，他曾表示：「他們渴望達成協議，他們知道我們手中有籌碼。」他將關稅上調描繪為逼迫中國讓步的壓力來源，而非單純的保護措施。他認為，只要對方承受足夠痛苦，遲早會妥協。他也曾公開表示，與其靠外交辭令和慢條斯理的磋商，不如用「痛感」讓對方認清現實，這才是真正的談判藝術。

這種策略雖然在部分雙邊談判中的確產生了短期效果，例如促使墨西哥強化邊境管控、逼使一些國家重啟貿易談判，但在國際層面也引起廣泛爭議。許多經濟學者與外交專家批評這種做法破壞了多邊貿易體制，讓世界經濟陷入「你來我往的報復循環」，削弱了美國作為國際經濟秩序守護者的角色。

對特朗普總統而言，這些質疑無關痛癢。他始終認為，「軟弱」才是真正的災難，而施壓則是唯一有效的外交語言。他將關稅視為美國長久以來未曾善用的武器，如今終於由他「重新握在手中」。這種以強硬換讓步的交易哲學，正是他對外交與貿易談判的核心信念，也構成了他一系列經濟政策背後的戰略邏輯。

增加財政收入

關稅畢竟也是政府收入來源之一。特朗普總統強調關稅如同「苦口良藥」，短痛換長益，宣稱每日可為國庫進帳 20 億美元。這筆龐大資金據稱可用於基礎建設、減稅或還債，一舉多得。

當特朗普總統談論關稅時，他並不僅僅將它視為一種貿易手段，而是一個國家重建自信、重新掌握經濟主權的象徵。在他的邏輯體系中，關稅不只是懲罰外國的工具，也是一種賺錢的方式——一種能夠讓美國人「不加稅也能富起來」的神奇解方。

在多次公開演說與社群媒體發言中，特朗普總統反覆強調：「我們每天從關稅中賺到 20 億美元。」這不是他口中的「抽稅」或「剝削人民」，而是一種「讓外國為我們付錢」的方式。他強調，長久以來，美國像個被騙的傻子，張開市場，卻從沒好好利用關稅來換取國家利益。現在，他要把這一切反轉過來，讓世界明白，美國的市場不是免費的，而是有價的，是可以收費的。

在他的觀點中，關稅等同於「外國進入美國的入場費」，而這筆錢進入國庫後，就成了建設國家的資源。他不斷強調，這些收入可以用來修建高速公路、翻新機場、升級軍備，也可以減輕納稅人的負擔，甚至有朝一日還能用來還清國債。他主張：與其靠人民交稅，不如讓外國商品為美國帳單埋單。

這種思維背後，是一種強烈的「交易哲學」：每一項國家政策都應該帶來可量化的回報，不能只是抽象的外交理念或多邊承諾。在他看來，過去幾十年美國簽署的自由貿易協定，像是北美自由貿易協定（NAFTA）或加入世界貿易組織（WTO），通通都是「虧本的交易」，因為它們讓美國的關稅收入歸零，卻沒有帶來對等的出口機會。特朗普總統認為，如果一筆交易不能讓你賺錢，那就該退出。

他的關稅理論也拒絕接受主流經濟學關於「消費者會承擔成本」的說法。他堅稱外國企業會吸收成本，因為他們離不開美國市場。即使價格上漲，他也認為這是「值得的短痛」，因為最終這筆錢會回到美國人自己手中——變成更好的道路、更強的軍隊與更多的工作。他用「苦口良藥」來形容關稅，認為雖然初期可能帶來一點不適，但長遠來看，美國將因之「更強健、更自主」。

當被問到這些數字是否誇大，特朗普總統通常不做細節解釋。他的語言重點從來不在數學公式上，而在傳遞一種信念：「我們終於開始從他們那裡賺錢了。」對他而言，關稅不只是財政收入，更是一種象徵——象徵著美國不再是輸家，不再只是買單，而是要反守為攻，用自己的市場換回主導權。

簡單來說，特朗普總統的關稅觀點建立在一種極具交易思維與民族主義色彩的邏輯中：過去我們吃虧，是因為我們不會收錢；現在我們醒了，要用關稅這個工具讓世界為我們的繁榮買單。他相信，只要「收費合理」、「話語強硬」，美國就能重奪主導地位。對他而言，關稅不只是政策工具，而是一種態度——美國不再等待別人公平，而是主動設定遊戲規則。這份態度，無論在經濟學界是否站得住腳，卻對他的支持者具有極大的吸引力，因為它承諾的是：「我們終於不再是輸家。」對他而言，關稅就是「美國優先」的現金化版本，是讓對手埋單、自己致富的捷徑。這不僅是財政收入，更是經濟尊嚴的重建。

以上四點構成了這位總統公開為新關稅政策辯護的核心脈絡。在他看來，美國多年來在貿易上吃虧，是時候用激進手段「矯正」全球貿易規則，讓美國重新偉大。但這套説辭是否站得住腳？在闡述其邏輯後，我們有必要逐一拆解分析。

2.1 對等關稅：公平還是以牙還牙？

當特朗普總統提出「對等關稅」（Reciprocal Tariffs）這一概念時，他試圖重新定義國際貿易的基本規則。在他的語境中，「對等」不只是外交上的姿態，而是一種力量的展現——誰對美國不公平，美國就要以牙還牙，甚至加倍奉還。他強調：「如果他們對我們的汽車徵收 25% 的關稅，而我們只對他們的徵收 2.5%，那不是公平，是愚蠢。」因此，在他執政的架構下，「公平貿易」的真正含義被重新詮釋為數字上的對稱報復，即別人怎麼對待我們，我們就怎麼對待他們。

特朗普總統的這種關稅觀，有著極強的直觀邏輯與政治動員力。

他塑造了一個「美國吃虧太久」的敘事，聲稱美國在全球貿易中長年受制於不對等條件，被盟友與對手「剝削」、「欺騙」與「利用」。這種語言激起許多選民的情緒，尤其是工業州的藍領選民，他們對全球化後的失業與產業外移感同身受。在這樣的語境中，對等關稅被視為一場遲來的正義——一場替美國討回公道的經濟反擊。

在政策層面，「對等關稅」的實施邏輯非常簡單：如果對方不降稅，那我們就提稅。與其花費數年時間在 WTO 或雙邊協議中協商，特朗普總統選擇了更直接的方式——全面提高關稅，以逼迫對方讓步。他認為，這不僅能迅速產生壓力，也能展現出美國不再姑息的決心。他形容這是「美國經濟獨立的宣言」，象徵著從過去多邊主義、自由貿易的「失控年代」中脫身，重新掌握談判主導權。

這套敘事與實際貿易數據之間，存在明顯落差。根據經濟研究與世界貿易組織（WTO）的資料，多數美國主要貿易夥伴對美國商品的實際平均關稅其實並不高。以中國為例，儘管部分項目如汽車曾課徵 15% 至 25% 的高稅率，但整體而言，對美商品的平均關稅大約在 8% 左右。歐盟的平均關稅更低，約為 3%，而日本、韓國、澳洲等其他重要亞洲夥伴，其平均關稅也多數低於 5%。至於加拿大與墨西哥，在《美墨加協定》（USMCA）簽訂後，對美商品的絕大多數項目已實現零關稅。

換言之，從統計角度來看，美國出口產品在大多數市場其實享有相對低的關稅。與此同時，美國自身對大量進口商品本來也已設定低關稅，甚至為零。若特朗普總統政府執行所謂的「對等關稅」，實際效果將是單方面大幅拉高美國的整體進口關稅結構，並非調整至真正的「公平水平」。這使得「對等關稅」在實踐中，更像是一種懲罰式的統一加稅，而非真正的雙邊協調。

經濟學者與政策觀察者普遍指出，這種基於「對稱原則」的做法忽略了一項關鍵事實：各國的產業結構、經濟體量與市場特性本就不同，關稅水平也不可能簡單對等。例如，一些發展中國家依賴關稅保護初期工業，因此設有較高關稅，但同時其內需市場對美國出口商的吸引力遠不如美國市場對外國廠商的價值。在這種結構性不對稱下，訴諸「表面對等」反而可能造成實質不對等，最終導致雙方都蒙受損失。

此外，自 20 世紀末以來，多邊貿易體制已致力於降低全球關稅水準，透過 WTO 協定與區域性貿易安排推進自由化。今日的貿易環境與 1970 年代不同，高關稅已非常態，而是一種例外措施。因此，特朗普總統藉由少數關稅落差較大的案例，放大貿易夥伴的「不公平」，作為全面提高美國關稅的正當化依據，在理性上受到質疑。

更值得注意的是，這類政策有可能引發報復性關稅，使原本穩定的貿易關係迅速惡化。2018 至 2019 年美中貿易戰即為前車之鑑。當時，美國以保護鋼鐵與鋁產業為由實施關稅，中國則對美國農產品加徵報復性稅率，導致大豆、玉米等出口銳減，反而傷及美國中西部農業州的利益。這顯示，將關稅作為單方面的壓力槓桿，短期或許有效，但長期可能演變為雙輸的局面。

「對等關稅」雖然在語言與政治宣傳上極具煽動力，但其邏輯過於簡化，忽略了國際經濟的多元現實與制度框架。在一個全球化的貿易體系中，關稅早已不再是彼此較勁的主舞台，而是由投資、技術、標準與信任等因素共同構成的複雜博弈。當國家選擇用關稅築牆，而非透過協商建立橋樑，所收穫的，或許只是短暫的掌聲，卻難以長期維持真正的經濟繁榮與貿易公平。對等若脫離脈絡，最終可能只是另一種形式的失衡。

2.2 降低貿易逆差：治標還是治本？

對特朗普總統而言，貿易逆差是一道始終難以放下的心理陰影，也是一種他認為代表「國家被掠奪」的具體指標。他在多次公開演說、社群媒體發文及總統辯論中反覆強調：美國多年來一直在與世界「做虧本生意」，巨額貿易逆差證明美國的財富正源源不絕地流向他國。他甚至將這種狀態形容為一場無聲的經濟戰爭，是「朋友與敵人共同對美國的掏空行為」。因此，消弭貿易逆差，成為他高關稅政策最直白、最核心的訴求。

在他的邏輯體系中，解決逆差的方法很簡單：加徵關稅，提高外國商品進口成本，迫使美國消費者減少對外國商品的依賴，從而降低進口總額。進口少了，逆差自然縮小；甚至，在出口穩定或擴大的情況下，還可能轉為順差。他認為這不只是數字上的調整，更是美國經濟重拾主動權的象徵。透過這種方式，他試圖把逆差「數據」轉變為「民族復興」的論證——只要不再讓世界佔便宜，美國就能再次強大。

短期而言，這一策略在統計層面確實可能見效。當某類外國商品被課以重稅，其價格勢必上漲，消費者購買意願下降，本地產業可能獲得替代空間，進口額度隨之下滑。2018 至 2019 年中美貿易戰期間，美國對中國商品課以懲罰性關稅後，來自中國的進口額出現顯著下降，這似乎驗證了這一策略的可行性。但實情卻遠比表面來得複雜。

首先，經濟學界普遍指出，逆差不是因為美國「吃虧」，而是因為結構性因素所致。美國作為全球最大消費市場之一，國民傾向於高消費、低儲蓄率，進口大量商品以滿足日常需求早已是經濟常態。這種高消費、低儲蓄的行為模式，讓美國必須透過對外貿易來補足本國供應的不足。同時，美國的企業與消費者也早已習慣於享受全球供應鏈所帶來的成本優勢與多樣化選擇。

再者，美元作為全球儲備貨幣，也使美國的經常帳結構與其他國家截然不同。世界各國普遍以美元作為對外儲備與貿易媒介，並將大量資金投資於美國國債與資產市場。這種「資本帳順差」的回流效應，使得美國持續進口商品成為可能，進一步鞏固了貿易逆差的常態化。

正如經濟學教科書中所強調的，經常帳與資本帳的鏡像關係意味著：只要美國持續吸收外國投資，其對外貿易就很難完全達到平衡。

因此，即使美國對某一特定國家（如中國）成功壓低了雙邊貿易逆差，整體逆差往往只是轉移到了其他國家，如越南、墨西哥或印度。商品經由第三地繞道出口至美國，使貿易結構重組，卻未真正減少總體赤字。有研究指出，在 2018 年美中貿易戰後，美國從中國的進口下降了，但來自東南亞的同類商品進口卻同步上升，顯示「轉口效應」顯著存在。這也證明，貿易逆差並非單一雙邊問題，而是全球資金與商品流動的結果。

自 2018 年美中貿易戰爆發以來，美國對中國商品加徵高額關稅，導致從中國的進口顯著下降。可是，東南亞國家的出口卻在此期間大幅增長，顯示出供應鏈轉移與「轉口效應」的存在。具體數據進一步證明，貿易逆差並非單純的雙邊問題，而是全球資金與商品流動的結果。

美國從中國的進口在貿易戰後出現明顯下滑；2019 年，美國從中國的進口總額為 4,522 億美元，相較 2018 年下降了 16.2%，減少了約 874 億美元。特別是在受關稅影響最嚴重的商品類別中，例如電子產品和機械設備，進口降幅尤為顯著。其中，電腦及周邊設備的進口減少了 25.3%，通訊設備下降了 17.6%。此外，在服裝和鞋類等傳統製造業領域，中國在美國市場的份額從 2018 年的 34% 降至 2019 年的 24%。

與此同時，美國從東南亞國家的同類商品進口卻迅速增加。越南是其中增長最為顯著的國家之一。從 2018 年至 2021 年，美國從越南的進口增長了超過 100%，2021 年達到 1,000 億美元，使越南成為美國第六大進口來源。主要增長品類包括電腦配件（增長 124%）、半導體（89%）以及家具（76%）。馬來西亞和泰國也在此期間成為重要供應來源。例如，2018 年美國從馬來西亞進口 394 億美元，其中電子產品和機械設備占據主要份額，而泰國同期對美出口 319 億美元，也呈現類似趨勢。

整體而言，東南亞地區（包括越南、馬來西亞、泰國等）的出口增長填補了中國出口下降所留下的空缺。2018 年，美國從東盟（東南亞國家聯盟）成員國的進口總額達到 1,858 億美元，比 2008 年增長了 68.7%。這些數據表明，隨著美中貿易緊張局勢升級，許多企業採取「中國 +1」策略，即將部分生產轉移至其他低成本國家，以分散風險並規避高額關稅。

此外，供應鏈轉移和轉口效應在一些具體案例中表現得尤為明顯。例如，中國企業在越南設立工廠，使越南對美出口的電子產品（如半導體和通訊設備）在 2018 年至 2021 年間增長超過 80%。同樣，馬來西亞成為鋼鐵和電子元件的重要中轉站，即便單個貨櫃的轉運成本增加了 3,000 至 4,000 美元，但仍低於直接出口至美國所需支付的關稅成本。

這種現象也反映在數據異常中。例如，2019 年，美國從越南進口的紡織品增加了 12.8 億美元，而同期中國同類商品出口下降了 87 億美元。類似地，美國從馬來西亞進口的集成電路在貿易戰期間增長了45%，與中國同類產品進口下降形成鮮明對比。

值得注意的是，這一供應鏈重組對美國整體貿易逆差結構產生了深遠影響。儘管美國對中國的商品貿易逆差在2019年減少了17.6%（739億美元），但對東盟國家的逆差卻上升至996億美元。這表明，美中貿易戰並未解決美國整體貿易逆差問題，而是將部分逆差轉移到了其他地區。

更值得注意的是，當美國透過關稅壓低進口時，他國往往會以報復性措施回擊，針對美國出口商品加稅。例如中國在面對美方關稅時，即對美國大豆、玉米等農產品加徵重稅，造成中西部農民嚴重損失。這種報復行動抵銷了原本預期的「出口增加」效果，甚至可能導致出口總量下滑，使得逆差反而不降反升。此外，企業面臨關稅不確定性，投資意願減弱，供應鏈成本上升，也間接打擊出口能力。

換言之，將逆差簡化為「被佔便宜」的問題，並以高關稅作為唯一對策，無異於緣木求魚。它忽略了逆差背後的宏觀因素與資本流動邏輯，也低估了貿易政策的連鎖反應與市場自發調整機制。從歷史經驗來看，美國早在1980年代對日本實施過「廣場協議」與自願出口限制等措施，雖然短期有效，但未能長期改變逆差趨勢。結構性的問題，終究需要透過提升本國儲蓄率、調整財政政策、改革產業結構等方式，才能根本改善。

特朗普總統總統將貿易逆差視為一場「輸贏遊戲」，將其政治化、情緒化，確實能在民意場上激起共鳴。但從政策效果與經濟邏輯角度看，這種觀點過於片面。貿易逆差本身未必是「壞事」，也未必代表經濟被侵蝕——它可能反映的是美國經濟的活力與全球資本對美國制度的信任。未來若要真正降低逆差，關稅只能是輔助工具，而不能被視為萬靈丹。

在接下來的章節，我們將更進一步探討美國貿易逆差的結構性根源，以及當代全球經濟體系如何透過資本流、消費模式與產業分工形成今天這樣的失衡局面。理解這些複雜機制，正是看穿「逆差迷思」的第一步。

2.3 財政收益：20 億美元神話

當特朗普總統總統談到其新關稅政策的財政效果時，「每天 20 億美元」成了他反覆強調的關鍵數字。在演說、採訪甚至社群媒體上，他不斷重申這項數字，以展現其政策帶來的龐大財政收益。乍聽之下，這是一個令人驚嘆的數字：按此估算，美國一年將可從關稅獲得高達 7,300 億美元的收入，幾乎可抵銷一半的聯邦年度財政赤字。對支持者而言，這不僅代表政策見效，更象徵著一種「不加人民稅也能讓國家致富」的治理新典範。

然而，這個「每天 20 億」的數字在專業經濟學界與政策圈內卻引發高度質疑。首先，它的計算基礎從未對外公開。根據財政與貿易分析師的推測，這個數字很可能是將美國全年進口總額（約 3 兆美元）乘以一個平均關稅稅率（如 20% 至 25%）所得到的「靜態估算結果」。問題在於，這種估算忽略了一個至關重要的變數：行為反應。經濟活動並不是靜態的，尤其當價格機制受到關稅干預時，市場行為將產生一連串連鎖反應。

舉例來說，一旦美國大幅提高對中國、歐洲、墨西哥等國的關稅，進口商品價格勢必上升，美國企業與消費者將調整消費與採購行為：有些企業可能轉向非關稅國進口替代品，有些則選擇本土生產或縮減進口，而消費者也可能因價格上漲而減少購買某些進口商品。當進口量下降，徵稅基礎自然縮小，實際所得關稅收入也會比理論估算少得多。簡言之，「每天 20 億美元」這個數字並未反映出價格變動對貿易結構與需求彈性的實際影響。

美國財政部與國會預算辦公室（CBO）歷年統計也顯示，關稅收入在聯邦總收入中的佔比極低，長期維持在 1.5% 至 2% 之間。在新關稅政策實施前（例如 2017 年），全美年度關稅收入僅約 400 億至 500 億美元，要達到特朗普總統宣稱的 7,300 億美元，意味著整體關稅收入需擴增 14 至 18 倍，幾乎是不可能的跳躍。即便在 2018 至 2020 年間，美國對中國等多國徵收懲罰性關稅，關稅收入曾有短期上升，但離每天

20 億的水準仍遠遠不及。

此外，從稅收效率角度來看，高關稅也存在邊際報酬遞減的問題。經濟顧問委員會（CEA）與貿易代表署（USTR）內部研究指出，關稅一旦超過某個臨界點，進口商將尋找避稅策略、轉向其他市場、或選擇退出某類貿易活動，導致進口基數大幅縮水。這不僅侵蝕了關稅收入，也降低了整體貿易效率。同時，政府仍需投入龐大的海關監管、人員審查與執行資源，這些行政成本也必須從關稅收入中扣除，實際可用資源更為有限。

這筆「收入」，實際上來源於美國企業與消費者的口袋。從技術面來看，雖然是由進口商在海關繳納，但這筆成本往往會轉嫁至商品價格中，由消費者最終承擔。換句話說，這是一種變相的內部課稅。若是以同樣的經濟負擔來看，與直接提高所得稅或消費稅並無本質區別，只不過關稅讓這種負擔「隱形」了。這點也讓關稅政策成為一種政治上較易包裝、實質卻更具破壞力的財政工具。

還有一項潛在的「稅基蠶食」風險不容忽視。當高關稅打擊企業利潤時，企業所得稅稅基可能縮小；消費疲軟也可能使得銷售稅、消費稅收入下滑。政府雖在關稅上短收了一筆，卻可能在其他稅收中長虧數筆。加之企業供應鏈重組、轉投其他市場的反應，也會進一步削弱美國在全球產業鏈中的競爭力與吸引力。當政策以破壞其他經濟引擎為代價來換取某項收入時，其淨效果未必正面。

「每天 20 億美元」這個數字，更像是一種政治語言，而非財政現實。它簡單、有力、能夠喚起民眾對國家強勢回歸的想像，但卻缺乏嚴格的經濟驗證與可行性評估。它所建立的，是一種「不靠加稅、不靠削支，就能自動致富」的幻想，一種似乎不必付出代價的政策許諾。然而，在現實中，沒有哪種財政收入是沒有成本的。關稅看似從國外「拿錢」，其實是向國內「取錢」，只是方式不同。

特朗普總統總統推出新關稅藥方，號稱能同時解決貿易、產業和財政難題，背後體現了其經濟民族主義的思維。然而，經濟運行如同牽一髮而動全身，這幾劑藥能否治病，還需觀察。接下來的章節，我們將轉向更宏觀的視角，剖析貿易逆差與美元、財政赤字之間盤根錯節的關係，看看問題是否如總統所說那樣簡單明瞭。

第 3 章

我們真的被剝削了嗎？
——重新認識貿易逆差

自 1981 年以來，美國長期處於貿易逆差狀態，且規模逐步擴大。1980 年代中期逆差首次突破千億美元，進入 2000 年代後隨著全球化與消費擴張，逆差進一步惡化。2008 年金融危機期間，逆差達約 6,960 億美元；至 2022 年已升至 9,710 億美元，而 2024 年預估將突破 1.13 兆美元。這一持續性的貿易赤字反映出美國國內對外部商品的高度依賴（下圖）。

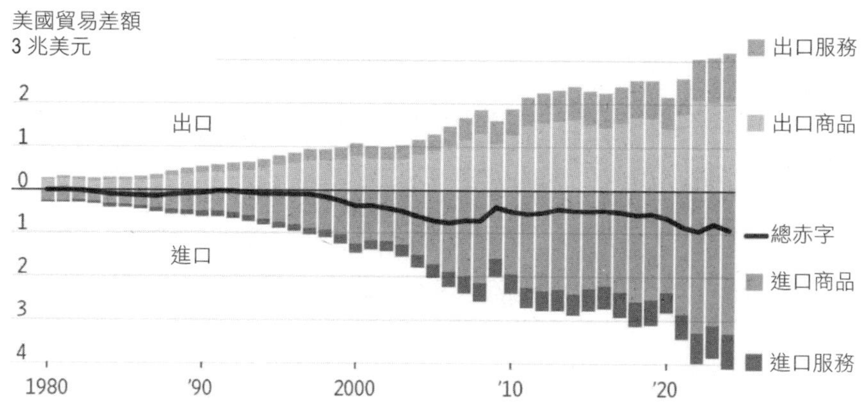

「美國過去 50 多年一直被各國掏空」，這是特朗普總統對貿易逆差的戲劇性描述。在他的敘事裡，美國巨額逆差代表著遭受不公和剝削。然而，從經濟學角度來看，貿易逆差未必如表面那般罪大惡極。本章將解讀貿易逆差的本質，幫助讀者認識這一現象背後的結構性因素。

3.1 貿易逆差的結構性成因

貿易逆差，通俗說就是買的比賣的多。但一國為何會長期買進多於賣出？

當我們談論貿易逆差時，表面上看起來不過是「買得比賣得多」：一個國家從國外進口的商品與服務總額長期高於其對外出口的金額。然而，這個現象並不只是國際競爭力的問題，也不是簡單的誰佔了誰的便宜。從宏觀經濟的角度來看，貿易逆差實際上是整體經濟結構與資金流動的反映，其背後的機制早已被經濟學理論所揭示。

經常帳與儲蓄 - 投資恆等式

在國民所得帳中，有一個重要的恆等式揭示了貿易逆差的本質：

經常帳餘額（CA）= 國內儲蓄（S）– 投資（I）

這條公式的意涵是，一個國家的經常帳餘額（包括貿易順差或逆差、初次所得、二次轉移等項目，通常以貿易差額為主）等於其儲蓄超過或不足投資的部分。如果一國儲蓄大於投資，這個「多出來的錢」就會以對外投資、購買外國資產或出口商品的形式表現出來，進而出現經常帳順差；反之，若一國投資高於儲蓄，所需資金必須向國外籌措，那麼它就會出現經常帳赤字，亦即貿易逆差。

美國的雙赤字現象

以美國為例，這一恆等式的意義尤其明顯。美國長期以來都是低儲蓄、高消費、高投資的經濟體，一般家庭消費大於儲蓄，企業在全球資本市場活躍擴張，而聯邦政府則持續面臨預算赤字。這種情況導致了美國整體儲蓄率偏低，無法支撐國內龐大的資本需求與家庭消費，因此需要透過進口商品與吸收外資來滿足國內需求缺口，結果便是貿易逆差與經常帳赤字的持續存在。

這種現象也常被稱為「雙赤字問題（Twin Deficits）」，指的是：財政赤字（政府支出大於稅收）→ 降低整體國民儲蓄；在宏觀經濟中，我們可以將「國民儲蓄」分為兩部分：

私人儲蓄：家庭與企業的儲蓄

政府儲蓄：政府的收支餘額（若是赤字，就是負的儲蓄），所以：

整體國民儲蓄 = 私人儲蓄 + 政府儲蓄

若政府赤字擴大，政府儲蓄是負的，國民總儲蓄自然就會下降。

經常帳赤字（進口大於出口）→ 彌補儲蓄不足所需的資金與商品來源。

當一個國家的總儲蓄無法滿足其投資與消費需求時，它就需要從國外借資金或購買商品來填補這個缺口。

這會體現在國際帳目上，就是經常帳出現赤字：

我們向外國購買商品 → 形成貿易逆差

外國用美元買美國資產（如國債） → 形成資本帳順差

這其實反映了下面這條會計恆等式：

經常帳餘額 = 國內儲蓄 － 國內投資

也就是說，如果你投資很多、儲蓄很少（被財政赤字拉低了），那你必須靠進口商品或引入國外資金來彌補差距。這就形成了我們常說的「雙赤字現象（Twin Deficits）」——財政赤字導致經常帳赤字。

正因為兩者彼此關聯，美國一日不解決政府支出過大與國民儲蓄不足的問題，貿易逆差便一日不可能根本消除。

當政府不斷花錢卻收不回來，會讓整體國家變得「存不下錢」，為了維持生活與投資，只能向國外借錢買東西，久而久之就變成了對外「長期透支」，這就是經常帳赤字的根源。

美元地位與資金回流

進一步而言，美元作為全球儲備貨幣也加劇了這種失衡。世界各國央行與私人部門普遍持有美元資產，並將大量資金投資於美國的國債、股市與房地產，這使得美國資本帳長期保持順差。根據國際收支平衡表的基本原理，資本帳順差與經常帳赤字必須對等，這也意味著：只要全球願意把錢放進美國，美國就勢必會出現對外貿易逆差作為對應。

經常帳餘額（CA）+ 資本帳餘額（KA）=0

這條會計上的恆等式，是國際收支平衡（Balance of Payments）的基本恆等式，進一步說明了，經常帳逆差不僅是進口大於出口那麼簡單，它還代表了美國吸收了外國的淨資本輸入，這種資金回流支撐了國內的消費與投資結構，也強化了逆差的長期化。

什麼是經常帳（CA）？

經常帳是記錄實物商品與服務的對外收支，包括：

商品貿易：出口 – 進口（貿易順差／逆差）

服務貿易：如旅遊、保險、運輸服務

初次所得：如海外投資利息、股息收入

二次轉移：如國際援助、匯款

如果我們買的多於賣的，經常帳就出現赤字（CA < 0）。

什麼是資本帳（KA）？

資本帳其實是資本與金融帳（有時分開寫），用來記錄資產的跨境流動，包括：

外國投資美國的股票、債券、房地產

美國人投資海外的企業、資產

其他金融衍生品、貸款、國際間的資本流動

如果國內吸引了很多國外投資（例如外資買美國國債），資本帳就呈現順差（KA > 0）。

為什麼 CA + KA = 0 ？

這個等式表示：

一國在某個時期內從國外賺得的外匯（CA），加上它從國外吸引來的資金（KA），兩者加總起來必須剛好平衡。

簡單比喻：

如果你這個月「賺錢不夠花」（經常帳赤字），你就得「刷卡或借錢去補差額」（資本帳順差）。

如果你「賺很多錢」（經常帳順差），你可以「存起來或投資國外」（資本帳赤字）。

這樣才符合「錢的去處要有來處」的原則，帳才能平。

假設美國當年：

經常帳赤字為 －$5000 億（大量進口、儲蓄不足）

那就必須有資本帳順差 +$5000 億（靠外資投資來補）

這反映了美國用國債、股票等吸引外國資金，把逆差的錢補回來。美國的對外購買行為，是靠把資產賣出去支撐的。

經常帳反映「你買了多少外國東西」；資本帳反映「你賣了多少資產給外國人」。

兩者一進一出，帳面永遠相抵，相加必然為零。

這就是「經常帳 + 資本帳 = 0」的根本原因。

因此，當特朗普總統將逆差視為美國被「掏空」的結果，並試圖以加徵關稅的方式「強迫平衡貿易」，這種作法就顯得過於簡化。關稅也許能在短期內抑制某些商品的進口，令雙邊貿易逆差有所改善，但無法改變總體經濟的**儲蓄 - 投資**失衡。更有可能的情況是：某一國的逆差減少了，但美國仍需進口，就會轉向其他國家採購，貿易逆差總量未必下降，只是轉移對象。

進一步說，若關稅引發貿易報復，導致美國出口受阻、全球供應鏈受損，出口端的疲軟將抵銷進口減少的效果，反而可能讓逆差更為惡化。這也讓許多經濟學家認為，單靠關稅消除貿易逆差，是一種「治標不治本」、甚至可能「標也治不好」的對策。

貿易逆差的根源並非他國對美不公，而是來自美國本身的經濟體質：低儲蓄、高消費、高投資，再加上全球資金對美元資產的偏好。真正要調整逆差，必須從財政紀律、儲蓄結構與資本市場改革著手，而非單靠關稅來矯正外部帳目的表面不平衡。了解這套經濟邏輯，才能釐清逆差問題的本質，避免陷入錯誤的政策處方。

美元作為全球儲備貨幣的地位，構成了當代國際金融體系的核心。

這種特殊的貨幣安排，使得美元不僅是美國的本位貨幣，也是世界絕大多數國家進行貿易、儲備與投資的首選貨幣。世界各地的中央銀行、大型企業與投資機構，都對美元資產有穩定而持續的需求，無論是為了購買石油、黃金等以美元計價的國際商品，還是為了在全球資本市場中維持穩健的資產配置。

這種需求造就了一個獨特的現象：美國成為全球唯一可以透過印製本國貨幣來獲取實體商品的國家。但這種特權並非沒有代價。為了向全球提供足夠的美元流動性，美國必須源源不絕地「輸出」美元。而美元的主要輸出途徑，正是貿易逆差。當美國進口大量外國商品並支付美元時，這些美元便流向世界各地，滿足了他國對美元的使用與儲備需求。這正是國際資本與貿易系統得以正常運轉的重要機制之一。

然而，美元流出後並不會停留在海外。大多數持有美元的國家或機構，最終會選擇將這些資金重新投資回美國，用來購買國債、企業債、市場基金或房地產。這形成了一個結構性的雙循環：美國用美元進口商品，外國用美元購買美國資產。這種「美元流出—資金回流」的循環機制，支持了美國的高消費、高赤字與強勢貨幣體系，也解釋了為何美國可以長期在經常帳上出現逆差，卻仍維持資金與貨幣的穩定。

這樣的制度性安排，恰恰構成了經濟學界所謂的「特里芬悖論」：一個國家的貨幣若要充當全球儲備貨幣，就必須對外提供足夠流動性，也就是必須長期出現貿易逆差。否則，全球將面臨美元短缺，導致國際貿易與投資機制失靈。但反過來說，當該國長期逆差時，其國內產業就會受到來自進口商品的競爭壓力，削弱出口競爭力與就業機會，長期則可能動搖其經濟與金融穩定，從而削弱該貨幣的國際信任。這種兩難困境，就是特里芬悖論的本質所在。關於這一點，之後的章節還會深入論述。

美國為了維持美元在全球的主導地位，它不得不接受貿易赤字，將美元「釋放」至世界各地。但貿易赤字意味著產業外移、製造業流失、藍領就業下滑，進而引發國內政治與社會的不滿。在這樣的背景下，主張強硬貿易政策的聲音便會興起，試圖以關稅等方式減少進口、改善逆差。然而這樣的政策，若真的奏效，反而會導致美元供給量下降，削弱全球對美元的流動性依賴，並可能引發對美元地位的挑戰。矛盾在於，美國若要「平衡貿易」以修補國內結構，就可能危及其國際金融霸權；若要維持美元霸權，就必須接受經常帳赤字的結構性存在。

這個看似矛盾的邏輯，其實揭示了美國經濟體系的深層設計：其財政與貿易帳目的失衡，並非政策失誤或外國剝削，而是國際金融秩序下「美元責任」的表現。美元地位愈高，資金流入愈多，匯率愈強，出口愈困難，進口愈便宜，逆差就愈大。這並非偶發性現象，而是一種制度性的循環。從這個角度看，貿易逆差不是失敗的象徵，而是美元霸權的條件。正因如此，當某些政治領袖將貿易逆差視為「被掏空」的象徵，並試圖以強硬關稅扭轉這一結構時，實際上是在質疑美元體系自身的根基。

美元的全球地位，是美國數十年政治、軍事、法律與金融整合實力的產物，但這種優勢同時也內嵌著代價。若要維持全球主導地位，就必須承擔逆差與資金輸出的結果，並接受由此帶來的結構性不平衡。特里芬悖論不是某種「修正錯誤」可以終結的短期問題，而是儲備貨幣國家所不可避免的長期張力。在這樣的格局之中，美國要的或許不是真正消除逆差，而是在保持美元主導地位的同時，尋求新的平衡點，以減輕國內對逆差的政治焦慮與經濟壓力。只有理解這層制度邏輯，我們才能跳脱「逆差即掏空」的直覺論述，看清美國經濟在全球金融秩序中的真實角色。

消費文化與內需

美國經濟以內需驅動著稱。美國人傾向當期消費而非儲蓄，加之信貸發達、社會保障相對完善，國民儲蓄率極低。旺盛的消費需要進口大量商品補充，再加上國內某些產業（如服裝、電子組裝）轉移海外，自然形成對外逆差。美國長期貿易逆差的背後，除了國際貨幣體系與儲蓄—投資結構的因素，還有一個深層的文化與制度根源——那就是美國獨特的消費文化與內需驅動經濟結構。美國不僅是世界最大經濟體之一，也是全球最典型的「消費型經濟」國家。其經濟增長長期仰賴內部消費支出，個人消費約佔美國 GDP 的七成，遠高於許多以出口導向為主的國家。這種內需導向的經濟模式，使美國在全球供需鏈中的角色，更多是終端消費者，而非生產供應者。

這種消費導向與美國國民的儲蓄行為密切相關。相比亞洲或歐洲國家多數家庭強調儲蓄與預防風險的觀念，美國社會長期存在強烈的當期消費傾向。美國人傾向於「先花未來錢」，消費信貸發達、購物便利、廣告行銷強烈，塑造出一種以購買力為生活核心的文化環境。這不僅體現在家庭購物、汽車、度假等消費項目上，也影響了整體經濟的資金流向與國民資產配置。

促成這種行為模式的，除了文化因素，還有制度面的支撐。美國的金融體系高度發達，信用卡、房貸、汽車貸款、學生貸款等信貸工具普及率極高，使得個人能夠輕易提前支配未來收入進行消費。而相對而言，美國的社會保障制度雖然不及歐洲國家全面，但提供了基本的退休、醫療與失業保障，降低了民眾對儲蓄的迫切需求。當消費可以透過借貸實現，且未來風險由制度部分分擔，儲蓄自然不再是家庭理財的核心策略。

國民儲蓄率的長期偏低，進一步加劇了美國對外部商品與資金的依賴。當家庭與政府都傾向於過度支出而非積蓄時，國內的投資與消費需求只能透過進口來滿足。

也就是說，旺盛的消費需求與薄弱的儲蓄支撐之間的落差，最終透過貿易逆差來平衡。美國向全球輸出美元、進口商品，是這種內需驅動經濟運作的必然結果。

另一方面，隨著全球化發展與企業成本考量，許多原本由美國本土生產的中低附加價值產業也相繼外移。以服裝、玩具、電子組裝等產業為例，出於人力成本與供應鏈效率的考慮，早已轉移至中國、東南亞與墨西哥等地。美國企業則更多保留設計、研發、品牌與金融服務等高附加值部門，實體生產則仰賴海外代工。這意味著，即便是美國品牌的產品，其生產環節早已國際化，進口商品在美國消費市場的佔比越來越高。

結果是，消費需求的旺盛與本土製造的萎縮共同推動了進口的增加；而消費者習慣的改變與制度結構的安排，使這種依賴外部商品的經濟結構難以改變。即使政治人物主張「買美國貨」或「產業回流」，也很難在短期內逆轉長年累積的結構性轉變。

美國的貿易逆差不僅是國際市場上的競爭結果，更是國內消費文化、金融制度與產業全球化共同作用的反映。這種模式對美國帶來了豐富多元的消費選擇與全球資本的流入，但同時也加深了對外依賴與逆差結構的固化。要改變這一現狀，不只是提高關稅或談判貿易協定那麼簡單，而是必須面對整個經濟生活方式與制度架構的深層調整。

國內產業競爭力差異

美國在高科技、服務業具強勢，但在勞動密集型製造業相對缺乏比較優勢。許多日常消費品美國生產成本高，因此大量依賴進口廉價商品。出口方面，美國服務貿易有順差（如金融、知識產權），但商品貿易持續逆差。這是國際分工的結果，而非單純誰欺負誰。

簡而言之，美國龐大的貿易逆差更多是內因造成，而非外因。如果把逆差理解為美國被別國佔便宜，就好比說一位大主顧總是在市集花錢買別人的東西，是別人在「剝削」他，這種理解並不恰當。實際上，這位大主顧（美國）很富有且愛花錢（高消費低儲蓄），又持有大家都想要的貨幣（美元），所以大家樂於賣東西給他。這是一種互利——美國得到商品，他國賺到美元。只是長期下來，美國的產業空心化和債務上升問題顯現，需要審慎管理。

美國作為全球最大經濟體，其貿易結構與逆差現象長期以來引發廣泛關注與誤解。在許多政治語言中，龐大的貿易逆差常被描繪成美國在國際經濟中吃虧、被剝削的象徵，彷彿其他國家在利用美國開放的市場和寬鬆的貿易條件牟利。然而，從實際經濟運作與國際分工的角度來看，這種說法顯然過於簡化甚至錯置了焦點。事實上，美國貿易逆差的成因，更多來自內部的結構性特徵與制度設計，而非外部的不公平競爭。

美國經濟的比較優勢集中於高科技、知識密集型產業與現代服務業。在矽谷、波士頓、紐約等地，集聚著世界頂尖的科技公司、金融機構、管理諮詢與生物醫藥企業，這些產業不僅具備高附加價值，也能在全球市場中維持領先地位。相較之下，對勞動力依賴程度高、成本敏感性強的製造業，特別是服裝、玩具、電子組裝等傳統產業，美國並不具備明顯的比較優勢。高昂的工資水平、環保與勞工法規、土地與能源成本，使得這些產業在美國本土生產難以與其他國家競爭，因而大規模轉移至中國、越南、印度、墨西哥等新興市場，依賴進口成為必然選擇。

這種現象並非不正常，恰恰是國際分工的自然結果。每個國家根據自身的資源、勞動力、技術能力與資本配置進行生產活動，美國集中在高附加值的研發、設計、金融與品牌建構上，將勞動密集型的製造環節外包給成本更低的地區。

這種跨境合作組成了現代供應鏈的基本結構，也使全球消費者享受到更便宜、多樣的商品與服務。美國人用美元換取其他國家的實體產品，同時輸出專利、金融服務、軟體授權與教育資源，構成互補的貿易關係。

從數據來看，美國在服務貿易方面長期保持順差，尤其在金融、保險、教育、授權使用費等領域，對外出口額穩定增長。這反映出美國在全球經濟體系中扮演的角色更多是服務提供者與消費驅動者。而在商品貿易方面，雖然高科技領域如波音飛機、軍事裝備、半導體與醫療器材具有出口競爭力，但大多數消費型商品仍高度依賴進口，導致整體商品貿易維持長期逆差。

將這一現象簡化為「誰欺負誰」的說法，實際上忽略了全球經濟體系中互利互補的本質。如果要用一個比喻來形容，美國在國際貿易中的角色，就像是一位市裡集的大主顧——他擁有充足的購買力，偏好消費、講究效率，習慣用他手上備受歡迎的貨幣來買入各種商品。而其他國家則像是市集裡的商販，樂意向這位大客戶推銷商品，因為能換到穩定、可信的美元收入。若將這種交易理解為美國被剝削，那就如同說這位富有的消費者在市集花錢，是在被其他商販「佔便宜」，顯然並不合理。

當然，這並不表示美國貿易逆差完全無需關注。長期依賴進口與外包的模式，確實在某些產業造成了空心化效應，導致部分地區失業上升、產業基礎薄弱，進而觸發了政治與社會層面的不滿。此外，龐大的逆差也意味著美國需持續對外發行債務以支應資金流出，造成財政與債務體系壓力上升。這些後果需要被審慎管理，但關鍵在於改善國內儲蓄率、鼓勵產業升級、促進教育與人力資源再培訓，而非將問題單純歸咎於貿易對手。

可以說，美國貿易逆差並不是一場國際剝削的結果，而是其國內經濟結構、產業分工與全球貨幣地位共同作用下的合理現象。正確認識這一點，有助於我們跳出情緒性解釋，從根本上理解全球化體系中的角色分工與長期利益平衡。畢竟，在全球經濟的市集中，賣方與買方都需要彼此，健康的交易基礎並不在於誰輸誰贏，而在於如何讓整體體系更穩定、更可持續。

3.2 美元儲備貨幣與逆差的關係

讓我們更深入看看美元地位如何影響貿易逆差。在全球貿易體系中，美元扮演著血液的角色：國際結算、儲備資產多以美元計價。這帶來幾個結果：

美元外流供給：各國要取得美元，一個主要途徑是對美國出口商品，賺取美元收益。因此，美國進口是全世界獲取美元的渠道。若美國突然消除逆差，全球可能出現美元荒，不利於美元作為儲備貨幣的穩定性。

在當今國際金融體系中，美元的地位如同血液一般，流動於全球貿易、投資與儲備系統的每一個角落。各國企業需要美元來進口原料與能源，各國政府則將美元作為外匯儲備的核心，用以維穩本國貨幣、償還外債、應對金融風險。而這一切的前提，是世界各地必須能夠穩定、持續地獲得美元，而獲取美元的主要方式，就是向美國出口商品與服務。

可以將這個結構比喻為一座全球性的大型市集，而美國就是這座市集裡最富有、最常出手的大買家。世界各國攤販圍繞著這位大客戶設攤，紛紛提供各式商品：從亞洲的電子產品，到拉美的農產品，再到歐洲的奢侈品，大家都希望把東西賣給美國，賺得手中的美元。這些美元不僅是利潤，更是一種通行證，可以再用於全球各地的貿易、儲備與投資。如果有一天這位大買家突然緊縮開支、甚至完全停止購買商品，整個市集就會頓時冷清，貨物流動停滯，美元也會出現短缺。

這正是我們在討論美國貿易逆差時必須理解的關鍵機制。美國每年從世界各地進口上兆美元的商品與服務，這一支出行為不僅代表消費，更是一種全球美元流動的主要供給機制。簡言之，美國的貿易逆差，就是美元輸出的渠道。其他國家靠對美出口獲得美元，再將這些美元用來進口原物料、償還美元債務，或投資於美國資產。若美國試圖消除貿易逆差，等於是在全球體系中突然關閉這個「美元來源的閘門」。

歷史上，這樣的情境並非毫無先例。2020 年新冠疫情初期，美國進口與投資活動大幅下降，全球貿易與資金流受到重創，導致許多新興市場出現「美元荒」——企業難以取得美元結算貨款、政府面臨償債壓力、匯率劇烈貶值。為因應這場壓力，美國聯準會緊急向多國央行提供美元互換額度，穩定全球美元流動性。這個案例清楚說明，美國的貿易逆差不是單方面的財富流失，而是一種全球金融體系的潤滑劑。

簡而言之，貿易逆差在美元體系下是一種結構性的必要安排，而非失敗或讓步的象徵。它反映的不是誰輸誰贏，而是整個世界如何圍繞美元運行的一種合作邏輯。要理解這點，才能正確看待美國在全球經濟中的角色，以及逆差本身的真正意義。

特朗普總統的關稅政策雖以保護美國產業與削減貿易逆差為名，實則是在嚴重削弱美元作為全球儲備貨幣的霸權地位。當關稅政策成為美國施壓與制裁的工具，各國意識到倚賴美元結算是將自身經濟命脈暴露於美國單方面的決策之下，遂紛紛採取「去美元化」行動，不僅為了降低匯率風險與交易成本，更是為了迴避制裁、維護金融主權。加上近年美國屢次凍結他國資產、限制金融機構使用 SWIFT 系統，更加深了外界對美元「武器化」的疑慮。越來越多國家開始尋求以本幣或區域貨幣取代美元進行貿易結算，導致「去美元化」趨勢加劇。同時，高關稅引發的國際緊張與市場動盪，亦削弱了外國對美債的信心，導致主要債權國減持美元資產，動搖其在全球資本市場的地位。再者，關稅破壞全球供應鏈與資本流動穩定，降低美元資產的避險吸引力，加上川普以關稅替代傳統稅收的說法削弱美國財政基礎，均使美元面臨信任危機。若貿易政策持續政治化與單邊主義化，美元霸權恐在全球去中心化金融格局中逐步衰退。

資本回流

外國累積的美元往往又投資回美國，購買美債、股票、不動產等（這記錄在資本項下順差）。資本回流彌補了美國經常項逆差，使國際收支平衡表上帳面平衡。所以逆差國並非一直失血，美國的血又流回體內了。

當我們從表面上觀察美國的經常項帳時，常會看到龐大的逆差數字——也就是進口大於出口，資金不斷流出，看似國家「一直在失血」。但這其實只是國際收支的一部分，真正完整的圖像，還必須加入資本帳的流動。事實上，外國在貿易中獲得的美元，並未永久停留在海外，而是以投資的形式回流美國，進入金融市場、購買國債、股票與不動產，構成了資本項下的順差。這種資金雙向流動的現象，使得美國的國際收支帳在帳面上達成平衡，即使表面上貿易逆差龐大，美國卻並未因此真正「流失國力」。

當其他國家出口商品到美國、獲取美元收入後，他們面臨一個選擇：如何處理這些美元資產？由於美元是全球流通性最高、信譽最強的貨幣之一，這些資金往往會重新投入到美國資本市場。

一個典型的例子是外國政府與央行將美元儲備轉為美國國債，不僅能獲得穩定利息，也能保障儲備的流動性與安全性。截至今日，中國、日本、英國與沙烏地阿拉伯等國都持有大量美債，是美國政府債務的重要買家。這些回流資金不僅穩定了美國的財政融資，更提供了低利率環境下的資本基礎。

除了政府間的資金回流，私人部門的美元再投資也十分活躍。全球投資者將美國視為資本安全、法制完善、市場透明的優質投資目的地。許多外國機構與富裕個人選擇在美國購買股票、企業債券，甚至直接收購企業或購置不動產。在紐約、洛杉磯、舊金山等大城市，來自中國、加拿大、中東等地的房地產投資者隨處可見。他們不是單純將美元留在銀行帳戶，而是將其再次注入美國經濟，參與資產升值與資本回報的循環。

這種資金回流的現象，使美國形成了一種特殊的經濟結構：用貿易逆差「輸出美元」的同時，再透過資本帳順差「吸收資金」，從而形成一種「出口貨幣、進口資本」的全球角色定位。從國際收支的角度來看，這兩部分剛好互補，經常帳赤字與資本帳盈餘構成帳面平衡。這也是為什麼，美國雖然年年出現數千億美元的經常項赤字，卻沒有出現資金枯竭或外匯危機的情況。

經常帳的資金流出好比血液流向四肢進行養分交換，而資本帳的回流則如靜脈回收養分後的血液，重新回到心臟與肺部，支持整個體系的運作。從這個角度看，美國不是在「失血」，而是在完成一次完整的血液循環，只是這個循環的動力不是肌肉與血壓，而是美元的全球儲備貨幣地位與美國資本市場的吸引力。

當然，這種資金結構也並非毫無風險。它仰賴於外國對美國經濟、貨幣與制度的持續信心。一旦美國的政治不穩、金融市場波動劇烈，或是出現通膨與債信危機，資金回流可能減緩甚至逆轉，屆時經常帳赤字的壓力才會真正浮現。但在正常情況下，這種「你出口商品、我出口資產」的結構，讓美國得以維持雙赤字而不崩潰，甚至吸納全球儲蓄來支撐自身的消費與投資。

美國的經常帳逆差固然龐大，但它並不等於資金流失或國力削弱。透過資本帳的強勁回流，這些流出的美元又重新流回美國，投入市場，購買資產，支撐發展。理解這一結構，有助於我們跳脫對貿易逆差的直觀焦慮，看清國際資金流動背後更深層的金融邏輯與制度運作。這不是單向的消耗，而是一場以美元為核心的資本再循環。

強勢美元

大量資本湧入推高美元匯率，美元升值又反過來令美國進口便宜、出口昂貴，進一步擴大貿易逆差。這形成一個循環——美元需求高→美國逆差供給美元→資本回流撐美元→美元強→逆差延續。這就是為何說美元霸權與美國逆差如影隨形。

在全球金融體系中，美元的霸權地位與美國的貿易逆差之間，並非互相矛盾，而是一種深刻交織、互為條件的結構關係。其中，最核心的連鎖反應，來自於資本流入對美元匯率的影響，以及匯率變化如何反過來加深貿易逆差。這個循環，不僅是國際金融的機制運作，更是美國經濟長期處於雙赤字狀態的根本原因之一。

當其他國家透過對美出口獲得美元後，他們往往會將這些資金重新投資於美國，無論是購買國債、企業股票、不動產或其他金融資產。這些大規模資本回流，不僅穩定了美國的資本市場，也對美元產生了強大的需求推力。資金湧入意味著對美元的購買需求增加，從而推升了美元的匯率。

美元升值的結果，對美國的貿易結構產生了明顯的影響。當美元走強，美國企業出口商品到其他國家的價格變得更高，削弱了美國商品在國際市場的競爭力。同時，來自外國的進口商品則變得更便宜，對美國消費者而言更加有吸引力。這樣的情況下，進口進一步擴大，出口增長受限，導致貿易逆差不降反升。這不是偶發現象，而是一種結構性、制度性的結果。

這一現象構成了一個閉環循環：全球對美元的需求愈高，資金回流美國愈多，美元就愈強勢；而美元愈強，美國就愈容易進口、愈難出口，貿易逆差就愈大；逆差擴大，又使更多美元流入世界，促成資本進一步回流，撐高美元匯率。這種不斷自我強化的迴圈，是美元體系穩固而持久的原因之一，也解釋了為什麼美國可以在龐大貿易逆差下依然穩坐全球金融樞紐之位。

可以將這個機制比喻為一個巨大的引力場。美元的金融吸引力如同地心引力，將全球資金源源不斷地吸向美國核心區域。外圍國家必須將商品、服務出口至美國以換取美元，然後再把這些美元送回美國投資。這種資金與商品的雙向流動，在貨幣與貿易帳之間製造了一種平衡幻覺：表面看是逆差，實際上是一種美元霸權下的穩定流動結構。

這樣的結構也蘊含著根本性的矛盾：若要維持美元作為全球儲備貨幣的地位，美國就必須不斷對外「供應」美元，而供應的主要方式就是持續的貿易逆差。也就是說，美元的國際主導地位與美國的經常帳赤字實際上是互為因果、難以分割的共生關係。當某些政策主張希望透過保護主義、關税或產業回流來削減逆差時，實際上這會觸動整個美元體系的基礎——美元供應減少，外國無法獲取足夠的儲備貨幣，資金回流受阻，美元匯率可能震盪，甚至動搖美國金融市場的穩定性。

這也正是為何許多國際金融學者會指出，美元霸權與貿易逆差如影隨形。它們看似矛盾，實則一體兩面。美元之所以能長期主導全球金融，不僅因為美國的軍事與外交地位，更來自於其經濟體系能夠提供足夠的金融資產與流動性——而這正仰賴於其持續的對外開放與貿易逆差。正是因為美國在買入全球商品、輸出美元、吸納回流資金的這一整套機制運作順暢，才使得美元得以鞏固其無可取代的全球貨幣地位。

從制度設計的角度來看，美國既是全球流動性的提供者，又是美元信用的維繫者，這使其必須在「供應貨幣」與「維持信心」之間取得微妙平衡。若試圖以激進政策消除逆差，美元流動性將枯竭，撼動整個金融系統；但若無限制地擴張赤字，又會導致通膨、債務危機與信用風險累積。這種進退維谷的處境，正是特里芬所言的難題：霸權貨幣的光環，必然伴隨其結構性脆弱。

因此，當我們觀察今日美國的貿易結構與貨幣地位時，應跳脱「逆差＝吃虧」的簡化思維，轉而理解一個更宏觀的真相：美國不是單純的貿易輸家，而是全球金融體系的樞紐，它用逆差維持著世界對美元的依賴；但同時，這也讓它背負著整個體系可能失衡時的代價。特里芬難題不只是對當代美元霸權的警示，也是對未來國際金融秩序演變的預言。

3.3 貿易逆差：剝削還是交易？

回到開篇的問題：逆差到底是不是他國對美國的剝削？基於上述分析，我們可以說：未必。

若將全球經濟體系比喻為一座巨大的市場，那麼美國的貿易逆差行為，本質上就像是一位財力雄厚、購買力強大的大顧客，經常進入市場大量採購商品。這位顧客在市集中花了很多錢，但並非因為被迫或被剝削，而是因為他自願、樂意，甚至習慣於消費更多。這筆「花出去的錢」——美元，不僅換來了商品，也成為其他參與者在市場中進行交易的主要貨幣。

誠然，全球貿易環境中確實存在不公平的現象，例如有些國家透過補貼出口企業、操縱匯率、設置非關稅壁壘等方式，使其產品在國際市場上更具價格優勢。這些行為在雙邊貿易關係中的確構成干擾，也引起美國政府的不滿與反制。舉例來說，中國曾長期被指控透過國企補貼與人民幣匯率控制來強化出口競爭力，而歐盟對農產品的高額補貼也一直是美歐貿易爭議的核心問題之一。類似情況在美國與印度、巴西、韓國等國的貿易爭端中也屢見不鮮，這些不對等條件有時的確會加劇特定產業的逆差現象。

然而，若將整體貿易逆差——即長期、美國對全球的龐大赤字

——單純歸因於這些「不公平競爭」，便未免過於片面。因為這位大顧客——美國，不僅自身資源與生產條件造成了對外依賴，他的消費習慣與制度設計也強化了進口需求。美國擁有高度金融化的經濟體、成熟的信用體系與鼓勵消費的社會文化，導致其國民傾向於當期消費而非儲蓄，這正是貿易逆差的內生驅動力。當國內生產無法完全滿足消費需求時，自然只能透過進口來補足。

以電子產品為例，美國企業如蘋果雖主導全球設計與品牌價值鏈，但其 iPhone、iPad 等商品的組裝與零件製造大多來自中國、台灣、韓國與越南。這類產品在美國以高價販售，但從貿易統計上看，進口金額往往被計入對這些國家的逆差。事實上，美國獲取了品牌利潤與消費便利，但在數據上卻呈現為「進口大於出口」的赤字。此外，服裝、玩具、家具與家電等勞動密集型商品，同樣由低成本國家生產，美國因為人工與法規成本過高而放棄自產，自然仰賴進口。

這些交易都是在國際市場規則下自願發生的，屬於價值交換而非單方面的剝削。正如一位顧客在商場買了很多商品，他或許沒自己做這些東西、錢也花了不少，但這是一種他主動參與的選擇。不能因為他花錢多，就說商場在「欺負」他。同理，美國之所以有貿易逆差，正是因為它具有購買力與選擇自由，而非因為其他國家強迫它購買。

再者，許多所謂的「對美逆差國家」，實際上也高度依賴美國市場維生，這種互賴關係讓貿易結構更接近合作而非對抗。例如，墨西哥與加拿大作為美國鄰國，雖然在美墨加協定（USMCA）架構下對美國出口龐大，但其工業與農業體系都與美國形成緊密供應鏈，美國對這些國家的出口也同樣龐大。這種「你中有我、我中有你」的格局，使得逆差成為正常現象，而非危機的徵兆。

貿易逆差本質上是一種交易結果，而不是道德判斷。它反映的是資源配置、成本優勢、產業結構與消費行為的綜合作用，而非單純的「輸贏邏輯」。當我們看到美國龐大的進口數據時，應理解那是美國人透過美元購買了全球的商品與服務，這背後有制度、有選擇，也有互利。全球市場不是戰場，而是交換的平台；逆差也不是掠奪的結果，而是富裕與需求的表現。理解這一點，有助於我們超越情緒性言辭，看見全球貿易真正的運作邏輯。

美國從逆差中也獲益：在許多政治言論與輿論場中，貿易逆差常被形容為「國力外流」或「國家被掏空」的象徵，尤其在美國，這類說法更常與工業衰退與就業流失聯繫在一起。然而，從宏觀經濟與國際金融的角度來看，這種觀點過於單向，忽略了另一個事實：美國其實從長期的貿易逆差中獲益匪淺。逆差不僅沒有削弱美國的經濟實力，反而在某些方面成為其繁榮的重要支柱之一。

美國透過龐大的進口，獲得了來自世界各地大量的廉價商品，這些商品直接惠及了美國消費者。從亞洲生產的電子設備、衣物、玩具，到來自拉美的食品與原材料，進口不僅擴大了美國市場的選擇性，也有效壓低了整體物價水準，抑制了通貨膨脹。這對美國的中產與低收入家庭尤其重要——他們可以用較低的價格購買生活必需品，享受比本地製造更便宜的商品，從而提升實質購買力與生活品質。簡言之，美國從逆差中換來的，不只是商品，而是一種長期的通膨壓力減免與消費福利提升。

其次，逆差也為美國帶來了全球資金的回流。美國以美元支付進口商品，而獲得這些美元的他國企業、投資者與央行，則將美元再投資於美國本土資產，如國債、股票與房地產。這些資金的大量回流推高了美國資本市場的流動性，壓低利率，讓政府能夠以較低的成本籌資，企業能以更低的利率擴張投資，家庭則享有低貸款利率的紅利。從財政到房貸、從基建到創新，這些逆差所引來的資金成為美國經濟運轉的潤滑劑。

更進一步說，這套機制使得美國能在不劇烈提高稅收的情況下持續維持高水平的公共與私人支出。正因為有龐大的資本回流，美國政府得以持續舉債而不引發債務危機；企業得以在全球融資成本相對較低的環境中運作；創新型企業也因此獲得充沛的風險投資，孕育出矽谷、生物科技與金融創新的繁榮景象。反觀若沒有這樣的資金迴圈，美國經濟結構將必須承受更高的儲蓄壓力與財政緊縮。

從歷史經驗來看，這一整套逆差一資本回流一美元霸主的機制，並沒有阻礙美國的發展，反而支撐了它成為 21 世紀的全球經濟領導者。

過去 50 年，美國 GDP 成長了數倍，創新技術屢屢主導全球，人民的平均生活水準也穩定上升。如果逆差如某些論述所稱，是「掏空國力」的表徵，那麼美國早該在數十年的赤字中逐漸衰敗，但事實明顯不是如此。相反，美國其實透過逆差淨獲得了世界各國的商品與資本，而未必付出等量代價。它用的是自家發行、全球接受的貨幣——美元，來購買實體商品與吸納全球儲蓄，這是一種全球化體系中極具槓桿性的制度優勢。

當然，逆差也不是全無代價。長期的經常帳失衡可能導致產業空心化、地區性失業或依賴進口過深等結構性問題，這些問題確實需要透過政策加以應對。但這與「被剝削」或「遭掠奪」的論述並不相同。事實上，美國在全球貿易體系中扮演的是需求引擎與金融中樞的雙重角色。它提供市場，也吸納資金，是全球商品與資本流動的重要中心。這個角色無法僅靠強勢出口支撐，必然伴隨一定程度的逆差。

正如一位經濟學家所說：「貿易順差者不一定是英雄，逆差者也不一定是受害者。」在當今的國際分工體系中，逆差與順差只是帳面上的數字，真正要理解的，是這些數字背後的交換條件與制度安排。美國之所以能從逆差中獲益，是因為它掌握了全球資本的信任與美元的主導地位，也因為它的經濟體系足以吸納、轉化與放大這些輸入的商品與資本。

因此，與其將貿易逆差視為一場失敗或危機，我們更應該從制度設計與長期利益的角度來思考：美國從中得到了什麼？又應如何管理與調節這種交換關係，使其能持續支持繁榮、而非逐步累積風險？這才是對逆差真正成熟、理性的理解與回應。

當然，這不表示逆差問題可以完全忽視。長期的經常帳失衡最終需要調整，例如通過美元匯率貶值或國內儲蓄率提高來縮小逆差。但將逆差污名化為「他國侵害」是一種過度簡化。

美國貿易逆差是全球經濟分工與美元體系下的產物，由多重因素交織造成，並非單方面剝削的結果。將其簡化為吃虧的說法，忽略了美國自身消費文化、儲蓄不足和美元特殊地位等根本原因。下一章，我們繼續討論美元的魔力，以及為何美國不能「直接多印點鈔票」來滿足全球需求，而非得通過逆差輸出美元不可。

沒有財赤也有逆差

在許多人對貿易逆差的印象中，逆差似乎總是與經濟衰退、產業萎縮甚至「國力流失」劃上等號。然而，歷史事實卻提供了另一種思考方式——美國在經濟極為繁榮的 1990 年代克林頓時期，正是在貿易逆差大幅擴大的同時，創下了一系列經濟成就。這段經歷清楚地說明：貿易逆差未必是衰退的信號，反而可能是經濟強勁、消費活躍與全球資本湧入的副產品。

比爾· 克林頓於 1993 年就任總統，至 2001 年離任的這八年間，美國經濟進入一段極為罕見的持續擴張期。整體 GDP 穩步增長，失業率從 1992 年的約 7.5% 下降至 2000 年的 4% 以下，實質薪資與家庭財富同步上升，股市進入科技股主導的「網路泡沫」黃金期，企業與創投資金活躍。而最引人注目的，是美國政府在克林頓後期實現了罕見的聯邦預算盈餘——這在戰後美國歷史中極為罕見。

但就在這段繁榮期，美國的貿易逆差也同步急遽擴大。1993 年，美國的貿易逆差僅約 1383 億美元，但到了 2000 年，這個數字已擴張至超過 4,350 億美元，創下當時歷史新高。與此同時，經常帳赤字（包括貿易、服務與初次所得）也不斷上升。這似乎與傳統認知中的「逆差＝衰敗」相悖。為什麼在經濟表現亮眼的同時，貿易帳卻呈現出持續惡化？

關鍵在於，克林頓時期的逆差擴大並非源於美國經濟疲弱，而恰恰是因為經濟太強。美國在當時吸引了來自世界各地的大量資本流入——不論是投資於股市、創業企業，還是購買美國國債。這些外資湧入推升美元匯率，讓美元相對其他貨幣升值。在匯率升值的條件下，美國的出口商品在全球市場變得更昂貴，競爭力下降；反之，進口商品變得更便宜，對美國消費者更具吸引力。結果就是進口上升、出口受抑，貿易逆差自然擴大。

此外，克林頓政府推動的北美自由貿易協定（NAFTA）於 1994 年生效，加深了美國與墨西哥、加拿大的貿易聯繫。雖然協定提升了整體貿易量，也帶來產業整合與供應鏈效率提升，但對美國部分製造業部門而言，與墨西哥的勞動成本差距亦加速了產業外移，擴大了雙邊逆差。在亞洲方面，中國雖尚未加入 WTO，但已成為美國日用商品、服裝與電子產品的主要進口來源。這些全球化趨勢，正是克林頓時期經濟「高增長、低通脹」模式的核心驅動力之一。

從政策角度看，克林頓政府並未將貿易逆差視為優先處理的危機，因為整體經濟表現並未受到逆差的負面牽引，反而在強勢美元與進口價格低廉的環境下，促成了穩定的物價與消費擴張。對美國消費者而言，逆差所帶來的是多元、便宜的商品選擇；對美國資本市場而言，全球資金的回流支撐了股市繁榮與低利率環境。

這段歷史經驗告訴我們，貿易逆差本身並不必然代表一國經濟被削弱或遭掠奪。它有時反映的，是一個國家在全球經濟體系中的中心地位——消費力強、資本吸引力高、貨幣穩健可信。就如 1990 年代的美國，在強勢經濟與政策穩定的支撐下，不但未被逆差所困，反而從中受益。理解這一點，有助於我們在當今對逆差的各種政治化討論中保持一份冷靜與經濟邏輯的清晰。

第 4 章

美元霸權的魔咒
——儲備貨幣與貿易逆差

美國作為全球唯一的超級大國，有一項獨步天下的特權：其貨幣美元是世界主要儲備貨幣。這意味著各國央行和投資者都願意持有美元資產，以備不時之需。然而，正如上章提到的，這種美元霸權帶來的副作用之一，便是美國必須長期保持貿易逆差，以供應足夠的美元給世界。本章將更聚焦美元與逆差間的因果循環，以及美國在這其中面臨的兩難局面。

4.1 為何不直接印鈔給別國？

有人或許會問：既然全世界都需要美元，為什麼美國不乾脆由聯準會（Fed）直接多印些鈔票，把美元發送給其他國家就好？如此一來，美國人民就不需要每年花幾千億美元進口商品來換取逆差，豈不是更簡單有效？乍看之下這似乎合情合理，但實際上，這種想法在經濟與貨幣理論上是極其危險的。原因不僅在於通貨膨脹的風險，更深層的是對「美元信用體系」的根本威脅。

首先，無節制印鈔最直接的後果就是通貨膨脹。經濟學中最基本的貨幣理論（Quantity Theory of Money）指出，當貨幣供給成長遠超過實體經濟的增長時，物價就會上升。換句話説，當市場上多了太多美元，而商品與服務供應未同步增加時，每一單位美元的購買力就會下降。這種物價全面上漲的現象就是通貨膨脹。

歷史上不乏因濫印鈔票而導致經濟崩潰的例子。例如 1920 年代的魏瑪德國，政府為支付賠款而大量印鈔，導致德國馬克幣值瞬間崩潰，人民用整袋鈔票買不到一塊麵包。更近期的例子如津巴布韋與委內瑞拉，在政府濫印貨幣、無控制預算赤字的背景下，曾出現 344,000% 的惡性通脹，貨幣變得一文不值，經濟陷入癱瘓。即使是美國這樣的經濟強國，也絕無可能免疫於貨幣濫發帶來的破壞力。

更嚴重的是，無限制地印鈔並輸出美元，將直接動搖全球對美元的信心。目前美元能夠成為全球儲備貨幣的核心理由之一，是因為外界相信美國的貨幣政策穩健、聯準會具有獨立性、美國法治健全、通膨可控、經濟體系穩定。這種信任建構起美元的「信用」，也是全球央行和投資人願意持有美元資產、購買美債的根本依據。

如果美國以政治考量主導印鈔，例如為了滿足外國對美元的需求，就隨意增加貨幣供應，那麼這種穩定形象將迅速崩潰。美元就不再是「值得信賴的貨幣」，而淪為濫發的紙幣。投資人與央行將開始減持美元資產，尋找其他替代選項，如歐元、人民幣、甚至黃金或數位貨幣。一旦美元不再被信任，其全球儲備貨幣地位就會被動搖，資本市場的資金成本將上升，政府與企業的融資難度也會增加，這將對美國自身造成深遠的傷害。

與其說美元是一種由美國控制的工具，不如說它是一個全球信任的共識。美元的價值，不是印鈔機決定的，而是由市場對美國治理能力的信任所支撐。當美國以對外貿易方式釋放美元——即進口外國商品並支付美元給他國——這本質上是一種「用經濟實力兌現美元」的方式。外國賣出商品得來的美元，不只是紙幣，而是可轉換為美國資產（如股票、國債、房地產）的通行證。

這也是為什麼美國就算每年出現數千億美元的貿易逆差，也不會透過聯準會直接印鈔發放。因為這種逆差雖然在帳面上看似「損失」，但其實是用實體交易建立美元稀缺性與流通基礎的手段。而無限制印鈔則是走捷徑，將直接破壞這套機制。

貿易逆差是美國維持全球美元供應的一種「市場化機制」，雖有成本，但具有可控性與信任基礎；而無節制印鈔則是一種高風險、會動搖根基的行為。真正讓美元強勢的，不是它印得多，而是它印得讓人安心。在全球信用貨幣時代，這種「信任的節制」比印鈔的能力更重要。倘若美國放棄節制，只求便利，那麼它不是賺到了更多美元，而是可能親手毀掉美元霸權的根基。

市場機制

在全球貨幣體系中，美元之所以能長期維持其儲備貨幣地位，除了美國的經濟實力與制度穩定，更關鍵的，是一套具有市場化運作邏輯的貨幣流通機制。其中，透過正常的貿易逆差讓美元流出世界各地，是維繫這套體系穩定與信任的核心方式。這種模式雖然看似美國「失去金錢」，但實際上，它反映的是一種健全的國際交換關係，遠比單純印鈔或人為分發美元來得可持續與可信。

這套機制的基本邏輯很簡單：外國想要美元，可以向美國出口商品或服務。而外國雙互貿易時，也會以美元結算，方便計算。國際上大宗商品的交易，也多是以美元結算。當美國人購買來自中國、越南、墨西哥、德國等地的商品時，他們支付美元，這些美元便流向對方國家。對出口國而言，這筆美元是他們「透過生產與交易賺來的」，是一種具備對價關係的收入。這與由美國政府或聯準會「無條件印鈔發放」的方式截然不同，後者缺乏市場交換作為背書，容易引發通脹與信任危機。

透過貿易產生的美元流通，被視為具有市場基礎的貨幣釋放。這種源於經濟活動的美元供給，不僅帶有價格訊號，也具有「稀缺性」與「可衡量性」，更容易讓市場參與者相信其價值穩定與發行約束。與之相反，若美元只是單方面發放，或以政治手段大量輸出，不但無法反映市場需求，也會讓人懷疑美元是否仍有價值依據，進而損害其作為全球貨幣的信用。

舉例來說，一個國家若能以出口創造美元收入，這代表它在全球分工體系中扮演了生產者的角色，其所得美元代表其競爭力與貿易成果。若美元只是由美國中央銀行「發放」給外國政府或企業，不經市場、不靠商品交換，那麼這些美元將變得與其實質對應物脫鉤，就像隨手撒出的代幣，久而久之會導致市場對其價值的懷疑與避險資產的轉移。

此外，市場化的逆差機制也有助於強化美元在全球的網絡效應。當世界各地的企業、工廠、政府都必須透過出口換取美元，它們自然會儲備、流通並使用美元進行後續貿易、投資與償債，這使得美元形成一個自我強化的流通體系。而這種體系的核心，就在於美元是用來「購買真實價值」的媒介，而非單方面施捨的工具。

這種結構也幫助美元維持其「非政治化」的特徵。在國際貨幣使用上，市場更傾向選擇不受單一政府意志主導的貨幣。若美元的流通主要來自聯邦政府的外交政策、人為援助或地緣安排，那麼一旦政策風向轉變或執政黨更替，市場使用美元的信心也可能受到擾動。而以貿易為基礎的逆差輸出模式，則讓美元更像是一種被市場需求自然選出的貨幣，更穩定、更持久。

值得強調的是，這套機制雖以逆差為表象，但它並非對美國單方面不利。相反，美國藉由出口美元、吸收商品與資本，再透過資本帳吸引回流投資，使整體經濟形成良性循環。而這一切的前提，就是美元的流出必須建立在真實經濟活動的基礎上，而非人為印鈔。這使得美元既能滿足全球需求，又能避免失控膨脹。

透過正常貿易逆差讓美元自然流出，是一種有機的、受市場調節的全球貨幣供應方式。它讓每一張美元都背後有交易、有對價、有信用依據，這才是美元成為全球貨幣的根本基礎。與之相比，任何形式的「人為發鈔輸出」都將破壞這套信任結構，使美元從可信變成可疑。在貨幣的世界裡，沒有什麼比信用更重要，而維持信用最好的方式，就是讓市場説話。

資本回流

如同前文所述，美國每年龐大的經常帳逆差，表面上看似代表資金流出，但這其實只是國際收支帳的一部分。事實上，絕大多數這些流出的美元會在資本帳下以另一種形式回流——外國將美元再投資於美國資產，如國債、股票、房地產或企業併購，形成資本帳順差。這套「美元外流一資金回流」的循環，是美元體系長期運作的根基之一。而正是因為美元是透過正常貿易活動產生，並由市場參與者自主選擇再投入美國資本市場，這條回流管道才能穩定而強大。

然而，假如美國選擇跳過這一市場化過程，直接由聯準會印鈔發放給其他國家或地區，事情就大不相同了。這些「無交易基礎」的美元，不再是透過出口商品或服務換得的價值對應物，而更像是政治性發放的補貼或轉移支付。外國拿到這些美元後，未必會像現在這樣習慣性地投資回美國，因為他們不再將美元視為貿易成果或有價資產，而是變成了一種可自由運用的額外資金。這會導致資金回流美國的比例下降，甚至轉而流向其他市場，改變全球資本流向結構，進而削弱美國在金融資本領域的主導地位。

從國際金融角度看，這樣的變化將削弱美元作為全球資本「磁石」的作用。今天的美國之所以能吸引大量全球資金，不只是因為其市場大、資本厚，更是因為這些美元本來就已透過商品貿易在世界各地流通，而市場參與者普遍選擇將其回投美國以獲得安全與回報。這種資金回流不僅支撐了美國的股市與國債市場，也幫助維持低利率與強勢美元的地位，是美國財政與貨幣政策的底層支柱。

舉個具體的例子：當中國出口商品給美國獲得美元時，中國政府或企業往往會將這些美元轉化為美債投資。一方面是因為美債被認為是最安全的資產，另一方面則因為這些美元本身已與美國貿易掛鉤，有其回流動機與制度慣性。但如果中國無需出口商品就能「收到美元」，它可能選擇改買黃金、歐洲資產，甚至投入新興市場基建，而非回投美國市場。如此一來，美國就喪失了以美元輸出換取資本回流的對價關係。

進一步看，資金回流帶來的不只是金融層面的益處，更是一種主權影響力的展現。當全球央行、大型基金與個人資產持有者選擇將美元回流美國，他們在實質上是對美國制度、金融穩定與法治環境的投票。這些回流資金強化了美國資產的流動性，也擴大了美國金融市場在全球的影響力。若這一機制失靈，將可能導致資金「去美元化」加速，美國不僅難以支撐龐大財政赤字，也會在國際政治與金融談判中失去過去的主動權。

再者，若直接發放美元給外國而非經由貿易逆差產生，也會削弱資金流的「選擇性」。目前美元流出雖多，但流入的資本往往集中於美國資本市場，有明確的標的與風險控制機制；而若資金分散流向全球、用於美國無從掌控的用途，將導致資金效能無法被充分利用，美國從「全球資金的最終落腳點」變成「全球資金的起點」，這是角色地位的根本轉變。

透過經常帳逆差讓美元流出，再經由資本帳回流形成雙向循環，是美國金融霸權的制度核心。這不僅是維持國際收支帳面平衡的機制，更是強化美元全球流通與資產吸引力的策略安排。一旦這個循環被取代為單向的「人為印鈔輸出」，美國將喪失的不只是資金回流，更是整個美元體系的主動性與可控性。國際金融講究的不只是供需，更是結構與信任，而這正是市場機制不可取代的價值所在。

轉嫁通脹

在全球貨幣體系的運作中，美國透過貿易逆差將美元輸出，其實不只是國際經濟交換的一環，更是一種精巧的「通脹轉移機制」。當美國以大量美元購買外國商品，讓美元流出國境、實體商品流入國內時，實際上，它不僅獲得了實物利益，也將部分本應發生在國內的通貨膨脹壓力「外包」給了世界其他經濟體。這個看似普通的貿易現象，在當代貨幣體系中，發揮著深遠的結構性功能。

我們要理解這一點，必須從 1971 年尼克森總統宣布終結布雷頓森林體系，取消美元與黃金的兑換説起。當時的體系要求美元可以按固定匯率兑換黃金（每盎司 35 美元），其他貨幣則與美元掛鉤。然而，由於美國在越戰與大規模社會支出下不斷印鈔，全世界的美元供給暴增，卻無法支撐兑換所需的黃金儲備。各國開始質疑美元的價值基礎，要求兑金。為了避免黃金被掏空，尼克森於 1971 年 8 月 15 日宣布美元與黃金脱鉤，正式終結了金本位。

這個歷史轉捩點的關鍵意涵在於：從此以後，美元成為完全的「信用貨幣」，其價值不再靠黃金背書，而是靠市場信任與美國經濟實力維繫。而要維持這樣的信任，美國不僅需要經濟穩定，更需要避免失控的通貨膨脹。於是，一個制度性解法出現了：透過全球貿易讓美元「自然流通」，用逆差將美元輸出，避免其在國內積聚，進而形成通膨壓力。

舉個簡單的例子：假設美國為了刺激內需，大量印鈔，但這些鈔票最終是用來購買來自中國的電子產品、越南的成衣、德國的汽車。這些美元因貿易流通流向他國，美國消費者得到實體商品，國內商品供應充足，物價壓力被緩解。而那些出口國雖拿到美元，卻面臨本國商品大量外流的狀況，導致供應偏緊與物價上升，通膨反而出現在出口國，而非印鈔國。這就是所謂的「通膨外包效應」。

這種情況在 1970 年代的對照尤為明顯。當時美國仍處於貨幣改革初期，脫鉤金本位後一度試圖擴張支出以刺激經濟，但由於貿易與資本流通機制尚未完全全球化，印出的美元無法大量流向海外，結果導致國內出現惡性通膨。1973 年起，疊加石油危機與工資價格螺旋上升，美國年通膨率在 1979 年達到 13.3%，並伴隨經濟停滯，被稱為「滯脹」。這正是美元過剩無處釋放，全部反映在國內物價上的結果。

進入 1980 年代後，尤其冷戰結束與全球化加速後，美國的逆差開始大幅擴大，而全球商品與資本流動更加自由。此時，美元輸出不再被視為危機，而成為一種穩定手段。美國透過進口實物商品，補足內部生產的不足，同時用流通到海外的美元換回對美國資產的投資（如國債與股市），構成一個「消費一輸出美元一吸收資本一再投資」的完整迴圈。注意，美元回流並非單純「資本吸收」，而是外國持有的美元回投美國資產，維持美國低利率與高消費能力。

在這個迴圈中，貿易逆差不再只是帳面赤字，而是美元穩定的安全閥。它將美國國內潛在的通膨壓力分散至全球，讓其他國家在享有出口收益的同時，也共同承擔了美元發行的成本。相對地，美國則能在通膨可控的情況下維持高消費、低利率與全球資本吸納力。

可以說，自尼克森時代廢除金本位以來，美國的貨幣體系逐步轉向以信用與市場機制為核心。貿易逆差成為維繫這一體系的工具之一，它不僅使美元成為全球流通貨幣，也讓美國得以用實體商品換取通膨空間。這是一種表面上不平衡、實質上高度策略化的安排。對美國而言，逆差既是成本，也是手段；而對世界其他國家來說，它則既是機會，也是負擔。這正是美元霸權下的貨幣現實。

因此，美國選擇讓美元隨商品貿易流向世界，而不是直接撒錢。簡言之：貿易逆差是美國供給全球美元的可控方式。只要逆差規模在一定範圍內，大家既拿到了美元，美國內部通脹也沒失控，美元地位便可維繫。

4.2 特里芬悖論重現

上章提及的特里芬悖論，在當今美元體系下體現得淋漓盡致：美國享有發行全球貨幣的特權，但也背負著提供流動性的義務。這對應的是長期逆差與美元信用間的衝突：

在全球經濟體系中，美元不只是美國的法定貨幣，更是世界各國交易、儲備與金融穩定的支柱。它之所以能擔任這樣的角色，除了美國的經濟實力與金融體系成熟外，還有一個關鍵因素：美元能夠穩定且大量地流通於全球。這種流通，長期以來主要透過美國的貿易逆差來實現。每當美國進口商品、對外支付美元，這些美元就像經濟血液一樣，進入全球市場，支撐著各國的儲備、貿易結算與金融交易。

然而，若美國出於政治或經濟考量，試圖刻意壓低貿易逆差，例如提高關稅、實施進口配額、壓低內部消費需求、促進出口替代等手段，將導致全球美元供應趨緊，這可能會引發一系列連鎖反應：國際流動性減少、外匯市場震盪、美元資產短缺、甚至金融不穩定。更嚴重的是，這種美元供應的緊縮，可能動搖全球對美元的信任，並削弱其作為國際貨幣的吸引力。

首先，我們要理解美元的特殊角色。全球近九成的國際貿易是以美元結算，超過 60% 的外匯儲備是美元資產，石油、農產品、工業金屬等大宗商品也都以美元標價。在這樣的體系下，世界各國對美元有強烈且持續的需求。尤其是新興市場與進口導向型經濟體，必須確保本國有足夠的美元，才能進口必需品、償還外債、穩定匯率與金融系統。若美元流動性緊縮，這些國家的金融穩定將首當其衝。

實際案例不難找。2020 年初新冠疫情爆發時，全球資金因恐慌而大舉湧入美元避險資產，導致國際市場美元極度短缺。許多國家因為無法取得美元而面臨資本外逃與匯率暴跌，美國聯準會不得不緊急啟動美元流動性互換機制（Dollar Swap Lines），向多國央行提供臨時美元資金，才緩解危機。這一事件充分顯示：美元若斷流，全球金融市場立刻出現動盪。

從制度層面來看，美元之所以能成為全球儲備貨幣，不只是因為「強大」，而是因為「可靠」與「可取得」。若美國為了政治或貿易平衡考量而大幅削減逆差，將造成美元在全球市場的稀缺，進而使各國被迫尋找替代機制，例如增持歐元、人民幣，或發展區域性貿易貨幣。這種「去美元化」的趨勢，雖然目前仍處於初步階段，但若美元供應長期收縮，其動能將會加快。

更重要的是，美元霸權為美國帶來了巨大的地緣戰略紅利。例如：美國政府可透過發行美元債務，以全球資金支撐赤字開支，維持極低的舉債成本。

美元地位賦予美國在國際金融體系中的主導權，能對不友好國家施加經濟制裁，凍結其美元資產，或切斷其與 SWIFT 美元結算系統的聯繫。

美國企業可在全球以本幣（美元）交易，避免匯率風險，降低跨境經營成本。

然而，這些利益的前提，是世界各國願意繼續使用美元，並能持續獲得美元。一旦美元因政策導向而不再穩定流通，這些優勢也將面臨風險。當美元流動性下降、各國尋求替代時，美國的「無形特權」也將逐步被侵蝕。

例如，近年以金磚國家為代表的多邊機構，便試圖透過建立獨立結算系統、推廣本幣貿易、擴大央行貨幣互換協議等手段，降低對美元的依賴。若這些努力因美國內部政策收縮導致的「美元荒」而獲得更多正當性，反而會加快全球資金脫離美元的步伐。

美國若試圖從根本上削減貿易逆差，等於從制度面關緊了全球美元的水龍頭。這不僅會讓世界面臨美元流動性危機，更將直接損害美國長期以來憑藉美元霸權所享有的戰略利益與經濟便利。在一個美元支配的世界中，保持美元的可取得性，本身就是美國的國力象徵。削弱這項制度安排，可能為一時帳面平衡，卻可能換來長期結構性失去主導權的代價。這是任何逆差改革方案必須審慎考量的核心問題。

貿易逆差對美國而言，是一把雙刃劍。一方面，它是美元國際地位的基礎，是全球流動性的重要來源，使美國能透過輸出美元獲得實物資源與資本回流，享有「超額消費」與低成本舉債的特權；但另一方面，若逆差無限制擴大，美國的對外債務將不斷累積，終有一天會引發市場對其償債能力與貨幣價值的疑慮，動搖美元作為全球儲備貨幣的核心地位。

這正是美國長年以來在國際經濟政策上的兩難處境：一方面不能過度壓制貿易逆差，否則會導致全球美元供應緊縮，危及美元體系穩定與美國的金融主導權；但另一方面，也不能讓逆差無限膨脹，否則會造成外債壓力攀升、資產泡沫膨脹，以及美元長期貶值風險，進而損害市場信心。一旦主要儲備國如中國、日本、歐洲等降低美元資產持有，可能引發資金撤離與利率上升，讓美國面臨債務清算與國內生活水準下滑的壓力。

這一點，其實在 2008 年金融海嘯後曾隱約浮現。當時美國為救市大規模擴張財政與貨幣供應，外界一度憂心美國是否會透過通膨來「隱性違約」—— 即讓美元貶值來降低實質債務負擔。雖然美元最終穩住了地位，但事件説明了：美元霸權雖強，卻非不可動搖。其基礎是全球對美國制度、貨幣與信用的長期信任，一旦過度揮霍，後果將難以挽回。

因此，在實際操作上，美國政策當局大多採取「緩步調整、避免劇變」的策略。他們並不追求逆差立即歸零，反而傾向在不損害美元流通與資本吸納力的前提下，穩步壓縮逆差至可持續水準。這種策略的重點，不是貿易戰或保護主義措施，而是透過國內經濟結構改革來減少對逆差的依賴。

主流經濟學家普遍支持這樣的看法。他們認為，貿易逆差的根源並不在於關稅或貿易協議，而在於國內儲蓄率與投資率的失衡。依照國民經濟核算恆等式，一國的經常帳赤字＝國內投資－國內儲蓄。美國長年儲蓄率偏低、財政赤字居高不下，導致其必須向外部籌資來支持國內投資與消費，從而產生持續的經常帳赤字與貿易逆差。要解決這一結構性問題，就需從提高家庭儲蓄、控制政府支出與減少赤字著手，而非用單一的關稅工具來對症下藥。

事實上，歷史經驗也顯示，當美國試圖以關稅等強制手段壓縮逆差，往往適得其反。例如川普政府在 2018 年發動對中國、歐洲等國的關稅戰，初衷是縮小逆差與重振製造業，但結果是引發報復關稅、供應鏈扭曲、企業成本上升與全球市場不安，甚至造成美國部分農業與出口企業受損，貿易逆差在短期內反而未見明顯改善。

因此，真正可行的路徑是「溫和調整而非急剎車」。在保持美元國際地位與全球穩定流動性的同時，逐步壓縮逆差到可控範圍，使美國經濟避免過度依賴外資與輸入型消費，從而實現一種「既不濫用霸權、也不失控透支」的平衡狀態。

美國的貿易逆差政策不是單純的帳面平衡問題，而是涉及全球金融穩定、美元霸權維繫與國內經濟結構調整的多重考量。真正的挑戰不在於是否要逆差，而在於如何維持一個既能支撐全球體系，又不損害國內可持續性的逆差水準。在這條細緻的鋼索上，美國必須步步為營，平衡大局。

4.3 美元魔咒的未來

當前美國所推出的「解放日」高關稅政策，被不少評論者視為一場對抗全球化與逆差結構的「破局之舉」。其背後邏輯似乎是：美國長期為全球提供美元流動性、承擔龐大貿易逆差，導致產業外移與債務積壓，如今終於要收回主導權，在維持美元地位的同時縮小逆差，實現所謂的「兩全其美」。然而，這樣的策略是否可行，是否真能達成政策設想中的雙重目標，卻存在極大的不確定性與經濟矛盾。許多學者與市場觀察者對此抱持高度懷疑。

首先，美元的全球主導地位與美國的貿易逆差，其實是一體兩面的結構安排。作為世界主要儲備貨幣與結算貨幣，美元之所以能夠流通於全球，是因為美國長期以來維持龐大的貿易逆差——也就是讓全球各國透過出口換得美元，再將這些美元投入美國資本市場，形成資金回流。這套機制支撐了美元在全球金融體系的主導地位，同時也賦予美國「赤字免責」的特權，能以極低成本舉債、消費並推動全球性經濟制裁。

但當美國試圖透過高關税政策來壓低進口、縮減貿易逆差時，這套美元輸出一資金回流的迴圈就可能遭遇破壞。舉例來説，若「解放日」政策真的成功降低了對中國、墨西哥、越南等主要出口國的進口，美國對外支付的美元將減少，導致全球市場上的美元供應量下降。在短期內，這可能推升美元匯率，因為市場上的美元變得相對稀缺。但這也會讓美國出口商品價格相對變貴，削弱其在國際市場的競爭力，進一步壓縮出口，抵消了逆差改善的初衷。

更重要的是，全球可流通的美元減少，會影響到各國央行、主權基金與私人投資者對美元資產的需求與配置。長期以來，美國國債是全球最主要的避險資產與儲備資產之一，各國央行之所以願意持有巨量美債，除了對美國信用體系的信任，還因為其與實體貿易掛鉤的美元取得機制。若美元難以透過貿易順利獲得，外國投資者可能減少對美債的需求，或轉向其他貨幣與資產（如黃金、歐元資產、人民幣債券等）。這將使美國國債市場承受更大的再融資壓力，推高利率，削弱政府與企業的借貸能力。

換言之，「砍逆差」雖可能短期迎合政治目標與民粹訴求，但從宏觀結構看，卻可能破壞長年維繫美元霸權的根本機制。這也揭示了美國作為全球貨幣發行國的根本矛盾：一方面，它享有無與倫比的金融特權，可輸出貨幣、吸納全球資本、以本國貨幣計價債務；另一方面，它又必須持續對外開放市場、承擔逆差，才能維繫這種貨幣供給與需求的平衡。一旦只想保留特權、不願承受成本，整個體系便會失衡。

這也是為什麼，多數主流經濟學家主張，縮減逆差應當透過漸進式的結構改革來實現，而非以高關稅或強制措施急剎車。例如，提高家庭儲蓄率、減少政府財政赤字、改善教育與基礎建設，提升製造業與創新競爭力，這些才是長期可持續的改善手段。這種調整方式不僅能讓經濟內部結構更健康，也不會撼動美元體系或全球信任。

更現實的是，即便政策目的明確，執行層面也存在大量難以預測的副作用。特朗普政府時期的關稅戰已提供前車之鑑：本土製造業並未因關稅受惠太多，反而因報復性關稅與供應鏈斷裂而受創；消費者也面對成本上升與選擇受限；更重要的是，市場對美國作為穩定貿易伙伴與制度穩定力量的形象開始產生動搖。

美元的全球地位本身就是一把雙刃劍：它讓美國能長期舉債而無需面對即時代價，享受高消費與全球主導地位；但也讓美國經濟暴露於貿易逆差、產業外移與金融泡沫風險之中。當前的「解放日」高關稅政策，或許代表著美國試圖擺脫這個結構困境的一次衝動實驗，但它忽略了美元體系本身的互賴性與全球經濟的深層結構。一旦貿然行動，傷的不僅是對手，更可能是自己精心構築的金融霸權與經濟穩定。政策制定者若無視這些宏觀環境與結構性約束，一味追求短期平衡，最終可能適得其反，不僅無法實現減逆差的目標，反而加速美元體系的動搖，讓美國本身陷入更深層次的經濟轉型壓力與國際信任危機。

美元作為「全球遊戲幣」為美國經濟紓困，也令美國陷入必須維持逆差供血的魔咒。貿易逆差與美元霸權休戚相關，並非關稅拉高就能脫鉤。理解這點後，我們將在下一章轉向另一組「雙胞胎問題」——財政赤字與國債，看它們如何與貿易逆差共舞，以及總統的關稅方案又企圖在財政上達到什麼效果。

第 5 章

雙赤字的連動
——財政赤字、國債與貿易逆差

美國除了對外貿易逆差居高不下，對內還長期面臨財政赤字和國家債務高企的壓力。所謂財政赤字，即聯邦政府每年支出超過收入的部分；國債則是歷年赤字累積的總和。財政赤字和貿易逆差常被稱為「孿生赤字」，因為二者間存在內在聯繫。本章我們來揭示這種互動關係，以及 2025 年關稅政策在財政問題上的考量。

5.1 孿生赤字：儲蓄與借貸的兩面

財政赤字會不會加劇貿易逆差？答案是往往會。

當我們談論美國的長期貿易逆差時，經常會看到另一個伴隨出現的現象：政府的財政赤字。這兩者在很多時期會「雙雙擴大」，彼此似乎有某種聯動關係。經濟學上稱之為「孿生赤字」（twin deficits）——也就是一個國家同時出現財政赤字和經常帳赤字（主要體現為貿易逆差）的情況。

表面上看，政府花太多錢與老百姓買太多外國商品似乎是兩回事，但其實背後有著深層的經濟邏輯，關鍵在於整體「資金池」的運作方式。

財政赤字如何造成貿易逆差？

讓我們一步一步拆解這個問題。

假設政府稅收為 1 兆美元，但支出是 1.5 兆，那麼中間的 0.5 兆缺口怎麼辦？政府只能借錢來填補，這就需要發行國債。

當美國政府發債時，等於是在資本市場上向投資者借錢——這些錢可能來自銀行、保險公司、基金，甚至外國政府。但不管來源為何，這些資金本來可能被用於其他目的：企業借錢投資設備、家庭貸款買房等等。現在被政府「吸走」了，市場上可用的資金就變少了。

這種現象被稱為擠出效應（crowding out）：政府借錢用於自己的支出，擠佔了原本可供民間使用的資源。

如果美國國內的總儲蓄沒增加——也就是家庭和企業仍舊花得多、存得少——那整個國家的資金池就會變得更小。但經濟活動沒有減緩，企業還是需要投資、家庭還是想消費，這時候的資金缺口就會轉向外部尋求補足。

怎麼補？一種方式是進口更多商品，用美元購買外國的資源；另一種方式是向國際資本市場籌資，也就是讓外國投資者購買美國的債券、股票或其他資產。這兩種行為的表現形式，就是貿易逆差與資本帳順差。

儲蓄、投資與經常帳的數學關係

經濟學有個基本恆等式：

經常帳 = 國內儲蓄 − 國內投資 = 國內儲蓄 −（家庭儲蓄 + 政府儲蓄）

如果國家整體儲蓄（家庭儲蓄 + 政府儲蓄）減少，而投資仍然維持甚至增加，那麼經常帳就會惡化，也就是說貿易逆差會擴大。

而政府財政赤字，實際上就是「負的政府儲蓄」。當政府不僅不儲蓄，反而大量借錢使用，就會直接拖累整體國民儲蓄，迫使國家依賴外部資金或商品供給。

為什麼買國債不等於儲蓄？

這裡有個常見誤解需要澄清：有人會說，「既然私人部門（企業、家庭）也會買國債，那等於他們在儲蓄，不是嗎？」

其實不是。買國債只是資金從私人部門流向政府手中，這筆錢並沒有用來創造新的生產資源或增加國內投資，而是轉給政府去支付現有的公共支出（例如軍費、退休金、基建等）。如果政府這筆錢不是用於生產性投資，那麼這筆錢就變成了消耗性開支的資金來源，對提高儲蓄毫無幫助。簡單地說，買國債≠增加儲蓄，而是換個人花錢——從家庭或企業變成政府。

現實世界的例子：美國的歷史經驗

歷史上，「孿生赤字」的例子在美國屢見不鮮。1980 年代，雷根政府大幅減稅並擴張軍事開支，導致財政赤字劇增；同時，強勢美元吸引資本流入，使得貿易逆差也迅速擴大。2000 年代小布希總統實施減稅政策和打伊拉克戰爭，也造成類似的現象。這些時期都符合「政府花太多、國內儲蓄不夠 → 轉向國外彌補」的邏輯。

解決之道

從根本上看，要減少貿易逆差，就必須先改善儲蓄與投資的結構性失衡。如果政府能控制赤字、鼓勵國民儲蓄，同時讓經濟增長更多靠國內需求與創新推動，而非靠借錢與消費，那麼貿易逆差自然會縮小，外部依賴也會降低。

簡單來說，貿易逆差的真正解方不在於關稅與懲罰進口，而在於整體國內儲蓄結構的改革。如果政府面對貿易逆差的唯一策略，是簡單粗暴地「壓進口、加關稅」，而不從根本改善國內的財政體質與資金結構，那麼這樣的政策可能表面上短期奏效，實際上卻會帶來更多副作用，甚至讓原本要「保護」的國民，變成真正受害的一方。

為什麼呢？讓我們從經濟的基本邏輯談起。

當一個國家的儲蓄少、消費與投資多，就需要向外借錢、進口資源。這並不是哪個國家「佔了便宜」，而是因為我們自己錢不夠，卻還想花，差額只能靠進口來補。這樣的結構性失衡，不能光靠調整進口來解決。如果政府不願控制自身開支、不改善財政赤字，也不想鼓勵民間儲蓄、提升產業效率，卻單方面壓制進口、對外國商品加稅，那麼最先感受到壓力的，就是國內的消費者和企業。

首先，進口商品變貴了。因為加徵關稅後，企業進口零件、原材料的成本提高，最後這些成本會轉嫁到消費者身上。不論是洗衣機、手機、汽車，價格都會上漲。對低收入家庭來說，這種成本上升特別沉重，因為他們更依賴價格實惠的進口商品。原本以為打擊的是外國廠商，實際上「第一波中彈」的是自己家裡的生活開銷。

其次，供應鏈也會受到干擾。今天的全球生產不是單一國家從頭做到尾，而是一個個互相連結的生產網絡。例如，美國企業可能在墨西哥組裝產品、從亞洲進口零件，再在美國本土完成設計與品牌包裝。若進口被限制、關税上升，就會打斷這個網絡，使企業面臨調整成本、訂單延誤、甚至生產停擺的風險。結果是就業機會不增反減，出口競爭力下降，整體效率倒退。

更嚴重的是，這樣的政策無法解決背後的根本問題。如果國家的儲蓄還是不夠，政府赤字繼續擴大，那麼即使削減了對某一國的貿易逆差，這個缺口也會轉移到其他國家上。你可能不再從中國買電視，但還是得從越南、印度或墨西哥進口其他商品。貿易逆差的「總帳」不一定減少，只是換了對象而已。

反之，真正能夠讓經濟長期健康運行的方式，是從「體質」下手：改善政府財政紀律，減少無效率的開支與赤字；透過稅制改革與儲蓄鼓勵機制，讓家庭與企業多儲蓄；推動基礎建設與技術升級，提高國內產業的附加價值與出口能力。這些都是需要時間與決心的「結構性改革」，但也唯有如此，才能在不傷害自身生活水準的前提下，真正減少對外依賴，穩定貿易帳與經濟基礎。

孿生赤字揭示了一個國家的內部財政與對外貿易之間的深層連動。政府的財政行為會直接影響整體國民儲蓄，進而反映在國際貿易與資本流動上。了解這一點，有助於我們超越單一政策口號，深入掌握真正有效的宏觀經濟策略。真正要讓美國減少對外依賴，不是單靠堵住出口的門，而是要從自己口袋裡少花一點，存多一點，這才是穩健的長遠之道。

外資融通

美國長期的貿易逆差與龐大的國債規模，乍看之下彷彿是兩個獨立問題，但實際上，它們彼此密切聯動、相互支撐，構成了一個資金流動的閉環體系。這種結構使美國得以在不斷擴大的財政赤字與國際收支失衡之下，依然維持經濟穩定與全球金融中心的地位。要理解這一現象，我們必須將貿易帳與資本帳結合來看，特別是國債在國際資本市場中的角色。

首先，美國作為全球儲備貨幣的發行國，其政府債券長期被視為全球最安全、最具流動性的資產之一。外國政府、央行、主權基金與金融機構對美債的需求穩定而強勁。尤其像中國、日本這類對美出口順差龐大的國家，更是美債的主要持有者。根據美國財政部的數據，截至近年，中國與日本長期合計持有超過一萬億美元的美國國債。

但這些外國投資者購買美債所使用的美元資金，並非「無中生有」。他們獲得美元的主要途徑，是與美國之間的貿易活動，特別是長期累積的對美貿易順差。舉例來説，當中國向美國出口商品，從美國企業與消費者那裡收到美元收入，這些美元會成為中國外匯儲備的一部分。為了管理這些外匯資產，中國央行會將部分美元轉化為美國國債，既能保值增值，又能支撐美國資產價格與金融穩定。

這樣的運作構成了一個完整的資金循環機制。當美國進口的商品數量長期多於出口，就會導致貿易逆差，並向世界輸出美元作為支付手段。出口國因而累積大量美元資產，這些資產進一步轉化為外匯儲備。為了保值與增值，這些國家多半將美元投資於美國國債等金融資產，回流至美國金融市場。

此舉讓美國獲得穩定的外資支持國債發行，進而支撐其龐大的財政赤字與維持相對低利率水準。在低利率環境下，美國政府可持續擴張公共支出，民間也因信貸成本較低而增加消費與投資，推動內需成長。這樣的經濟刺激作用反過來又提高了進口需求，導致貿易逆差進一步擴大，形成一個自我增強的美元循環體系（下圖）。

這一來一回，構成了美元霸權體系下的「美元—國債—貿易」三角循環。美國得以在不削減支出或大幅提高稅收的情況下，持續發債籌資，因為有來自全球的穩定資金流入；而全球則因對美元資產的需求，繼續保持對美出口，獲取美元收入，最終再投入美國金融體系。

這種模式的表現之一，就是我們經常說的「美國印鈔買商品，別國賣貨買債」：美國透過貿易逆差「輸出紙幣，換回實物」，而其他國家則用這些紙幣再次購買美國的債權資產。從外部看，這是一種以信用支撐消費、再以消費吸引資本的機制。它的運行，仰賴的是全球對美元體系的信任，特別是對美國國債信用與金融穩定的信任。

當然，這套結構也非沒有風險。若美國財政赤字過度擴張，引發市場對其償債能力或通脹風險的疑慮，外國投資者可能減少對美債的投資，資金回流趨勢放緩，將對美元匯率、美債利率與整體經濟穩定造成壓力。

同樣地，若美國過度壓抑進口、限制貿易逆差，也會讓美元流出減少，進而削弱外國取得美元的能力，最終可能影響其購買美債的規模，從而削弱整個循環體系的穩定性。

美國財政赤字與貿易逆差之間存在著高度關聯。它們不只是數據上的同時擴大，而是透過美元流通與國債機制，構成了全球金融系統中最核心的一組資金閉環。理解這一點，有助於我們從更宏觀的角度來審視政策選擇的後果，並意識到美國對貿易與資本流動的處理，不能只看局部效果，而必須謹慎維持整體結構的平衡與信任。

利率與匯率

美國政府的財政赤字與貿易逆差之間，存在一種緊密的互動循環，經濟學家稱之為「孿生赤字」。乍看之下，這兩種赤字分屬不同範疇：一個來自政府花錢超過稅收，另一個則是國家從外國進口遠大於出口。

但深究背後的資金流動邏輯，兩者實則相互加強，形成一個穩定而難以打破的循環。

當美國政府增加支出，超過了其能從稅收獲取的收入時，它便需要透過發行更多國債來填補財政缺口。政府借債規模越大，市場上對資金的需求便越強烈，推動利率上升，因為只有較高的利率才能吸引足夠的投資者購買新發行的債券。

隨著美國利率的提高，全球資本市場也會迅速做出反應。國際投資者見到美國提供的高利息回報，便將大量資金投向美國市場，以獲得更高的報酬，這些熱錢的湧入導致美元需求增大、匯率相應上升。

強勢的美元看似光鮮，但對美國的出口企業來說卻不是好消息。美元走強意味著美國出口的商品在國際市場變得更貴、競爭力下降，同時外國商品卻因美元的升值而變得更便宜、更吸引美國消費者。出口的困難與進口的增加共同作用，使美國的貿易逆差持續擴大，國內的商品需求愈來愈依賴海外供應。

有趣的是，這一看似負面的貿易逆差，卻又反向地支持了美國的財政赤字融資。其他國家藉由對美國出口獲得大量美元盈餘，而這些盈餘最方便的去處便是再投資於安全、流動性佳的美國國債。如此一來，美元資金再度回流美國，支持政府的新一輪舉債與支出計畫，形成完整的循環體系（下圖）：

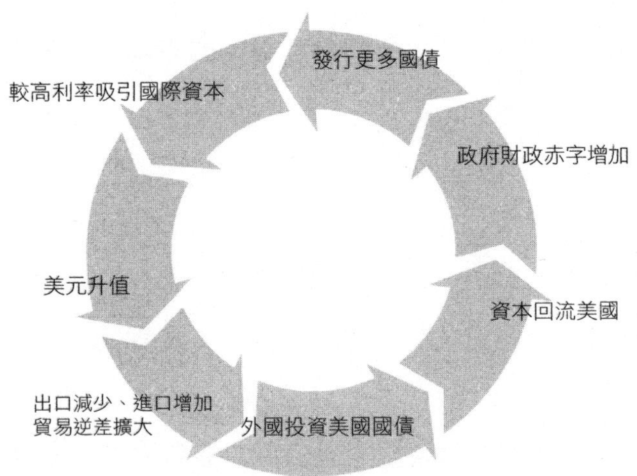

政府財政赤字增加→ 發行更多國債→ 利率提高，吸引國際資金流入→ 熱錢推升美元匯率→ 出口困難、進口增加，貿易逆差擴大→ 外國將貿易所得美元再投資美債，資金回流美國。

這種循環的存在意味著，美國想要在短期內同時大幅削減財政赤字與貿易逆差，面臨著巨大的結構性挑戰。真正想要打破這個循環，美國政府便必須著手於內部結構改革，降低財政支出，鼓勵私人部門增加儲蓄，提升產業競爭力以減少對進口的依賴。否則，光靠提高關稅或人為干預貿易流動，只會暫時掩蓋問題，而無法徹底解決深層的資金結構失衡。

5.2 美國財政困境概覽

了解了孿生赤字原理，我們再看看美國當前財政赤字問題嚴重到什麼程度。

赤字規模驚人

自從 1980 年代以來，美國聯邦政府的財政赤字幾乎年年出現，並且有擴大的趨勢，特別在重大經濟或政治事件期間，如戰爭、經濟衰退或重大稅改。

根據美國財政部與國會預算辦公室的最新估算，截至 2024 會計年度，美國聯邦財政赤字達到約 1.833 兆美元，佔國內生產總值（GDP）的 6.4%，遠高於一般經濟學者建議的穩定區間——通常認為赤字佔 GDP 應控制在 3% 以下。同一年度，美國聯邦政府的總國債總額已達約 35.46 兆美元，幾乎相當於 GDP 的 123%，逼近歷史高點，顯示出財政狀況持續惡化並帶來長期風險。

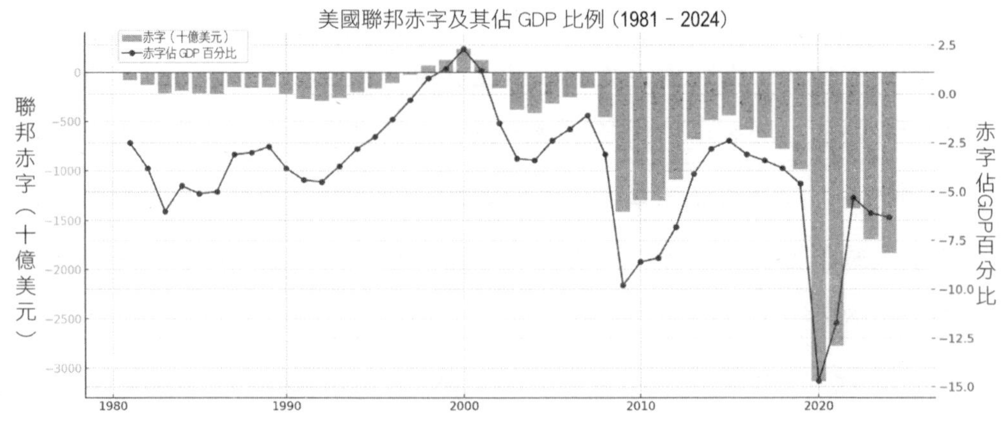

上圖展示了從 1981 年雷根時期開始至 2025 年的聯邦財政赤字與 GDP 的比例變化。可以清楚看到數個高峰時期：1980 年代因冷戰軍備擴張與減稅政策導致赤字長年維持在 GDP 的 3% 至 6% 之間；1990 年代經濟繁榮與克林頓政府的預算緊縮則使赤字逐步下降，甚至在 1998 - 2001 年間短暫轉為盈餘；但隨著小布希政府的減稅與阿富汗、伊拉克戰爭開支擴張，赤字再度升高。

2008 年金融海嘯後，為了挽救經濟，美國政府推出大規模刺激方案，使赤字一度飆升至 GDP 的 8.7%。雖然隨後逐步回落，但赤字水準一直未回到克林頓時期的盈餘區間。

2020 年新冠疫情爆發時，為支撐企業與家庭，政府再度擴張支出，導致赤字瞬間升至 GDP 的 15% ——這是二戰以來的最高紀錄。即使疫情稍退、經濟逐漸復甦。

但 2023 - 2025 年間的赤字仍高居不下，這與福利支出、利息負擔、軍事預算等結構性支出持續增加密切相關。

這樣的財政狀況不僅意味著政府「花的遠多於賺的」，也對整個經濟系統產生深遠影響。財政赤字需要透過發行國債籌資，而當政府不斷向市場借錢，就會推高資金需求，進一步帶動利率上升。

較高的利率吸引全球投資者將資金投入美國債券市場，也帶動美元升值。看似正面——資金流入穩定國債市場——實際卻形成一種「自我加劇」的機制：強勢美元使得美國出口產品價格上升、競爭力下降，同時進口商品變得相對便宜，進一步擴大貿易逆差。

於是，美國經濟進入一個難以打破的循環：

政府財政赤字擴大 → 發債推高利率 → 吸引外資導致美元升值 → 出口受阻、進口增加 → 貿易逆差擴大 → 外國持有美元再投資美債 → 政府得以再舉債。這個循環雖使美國得以在長期維持高消費與資本投入，但也埋下了對外部資金依賴過深的結構性風險（下圖）。

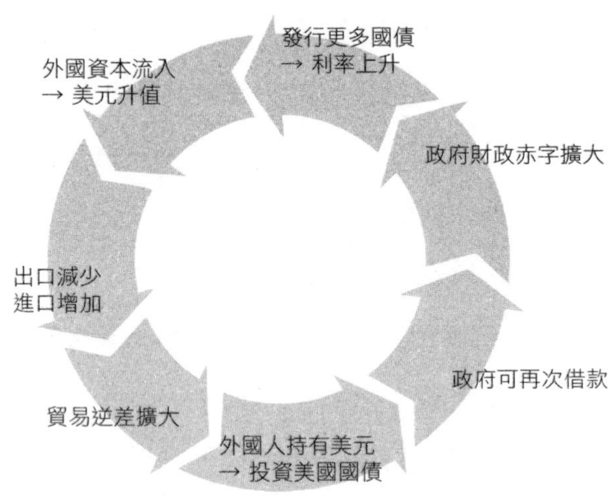

簡單來說，當赤字規模如今日之大，要同時削減財政赤字與貿易逆差，幾乎是不可能的任務。若不願減少政府與私人部門的超前消費，美國只能繼續依賴外國資本「輸血過日子」。但這樣的平衡，一旦外界對美國償債能力或美元價值的信心動搖，整個體系就可能出現裂縫。因此，面對如今赤字規模直逼歷史高點的局面，結構性改革的壓力只會越來越大。

剛性支出上升

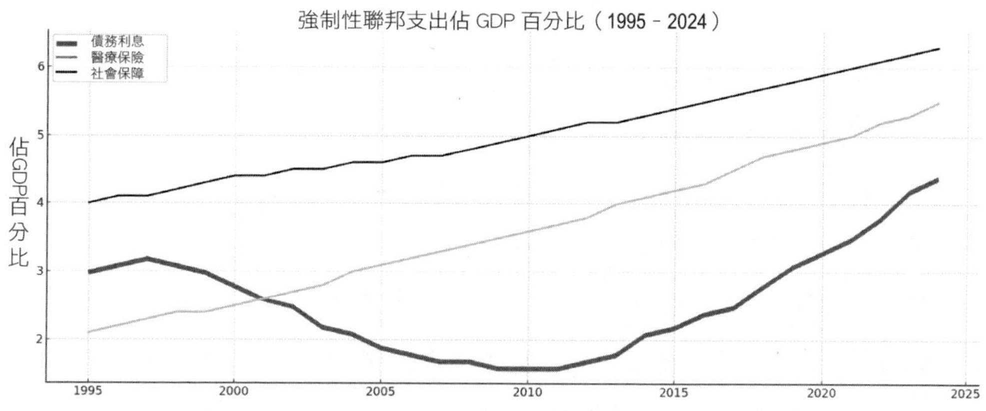

上圖顯示的是美國自 1995 年至 2024 年間三大主要「剛性支出」項目——債務利息、醫療保險（Medicare）和社會保障（Social Security）——佔 GDP 的比例。這些支出項目有一個共同特點：它們是法定義務支出（mandatory spending），也就是無需每年通過國會重新審批，政府依法必須按時支付，幾乎無法在短期內削減。

從歷史數據來看，三項支出皆呈現出持續上升的長期趨勢，尤其是在 2000 年後隨著人口老化與財政壓力增加，增速更加明顯。1995 年社會保障支出占 GDP 的比重約為 4.0%，而 2024 年的預測為 5.1%。這是因為隨著嬰兒潮世代退休，申請退休金與殘障福利的人口快速成長，使社會保障體系的支出基數大幅擴張。

醫療保險（Medicare）方面，從 1995 年佔 GDP 約 2.1%，已逐步攀升至 3.83% 左右。隨著醫療成本上漲、老年人壽命延長以及醫療技術日益昂貴，這項支出未來只會進一步增加。老年人口是 Medicare 的主要服務對象，而美國 65 歲以上人口正以每年數百萬人速度成長，這將為聯邦醫療體系帶來龐大的壓力。

最令人關注的是債務利息支出的急速攀升。自 1990 年代中後期以來，美國聯邦政府的債務利息支出曾因財政盈餘與利率下滑而顯著下降，佔 GDP 比重一度降至約 3%。然而進入 2020 年代，形勢急遽反轉。聯準會為壓抑通膨大幅升息，加上聯邦政府舉債規模持續膨脹，使利息支出迅速攀升。根據美國財政部資料，2024 財年債務利息總額突破 1.13 兆美元，佔 GDP 比重達 3.93%，創下 1998 年以來新高，並首次超過國防支出，成為聯邦預算中成長最快的項目之一。這反映出美國財政結構中愈來愈高比例的資源正在被動用於償還過往債務的利息。值得注意的是，這類支出不像可自由調整的「可裁量支出」（discretionary spending）——例如國防、教育或基建那樣可以被預算委員會靈活調整。相反地，這些剛性支出如滾雪球般越滾越大，佔用愈來愈多的財政空間，壓縮了未來政策的回旋餘地。要改革這些支出，不僅涉及法規重寫，還牽涉到選民的敏感反應與政治風險，因此難度極高。

今天的財政赤字並非單純由於單一政策錯誤，而是長期人口結構變化與累積性財政安排所共同推動的結果。這也解釋了為何即使經濟復甦、稅收回升，赤字仍居高不下。美國正處於一個結構性財政壓力時代，要處理赤字問題，不只是調整稅率或壓縮預算這麼簡單，而是需要面對根本性的制度挑戰，特別是這三大剛性支出——它們才是真正決定美國財政未來可持續性的核心。

收入增長不足

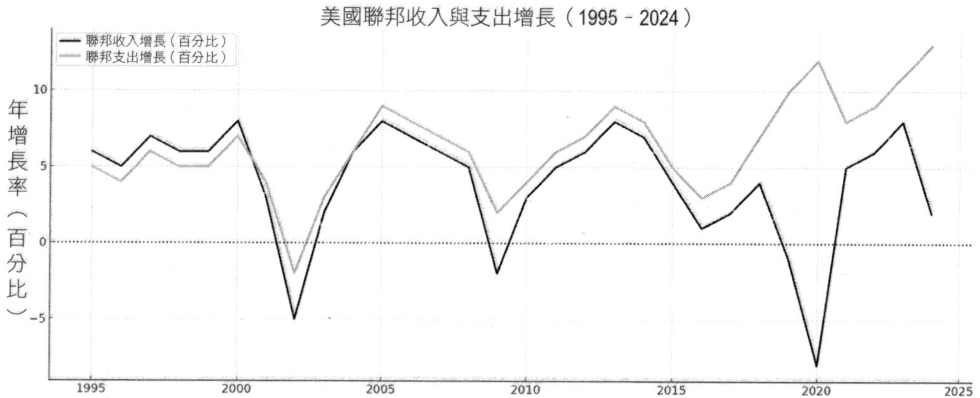

上圖顯示了美國自 1995 年以來聯邦政府收入與支出的年度增長率對比。可以清楚觀察到，在多數年份中，政府支出增長的速度往往超過收入增長，這正是造成長期財政赤字不斷累積的根本原因之一。

特別值得關注的是 2017 年之後的趨勢轉折點。當年，川普政府通過了一項近 30 年來規模最大的減稅法案《減稅與就業法案》（Tax Cuts and Jobs Act, TCJA），大幅下調企業稅率，並減少部分個人所得稅負擔。雖然減稅初期曾帶動企業投資與部分經濟活動，但整體聯邦政府收入增幅卻明顯放緩，結構性收入不足的問題浮現。

根據美國財政部的最新數據，截至 2025 財年前六個月（2024 年 10 月至 2025 年 3 月），聯邦政府的總收入約為 2.26 兆美元，較去年同期增長約 3%。同期支出達到 3.567 兆美元，年增率約為 10%。這種收入成長乏力、支出剛性持續攀升的情況，使得財政赤字進一步擴大。雖然經濟在此期間仍有溫和擴張，但稅收對經濟增長的反應卻不如過去敏感，原因之一便是稅基縮小與高收入者避稅手段增加。

回顧過去 30 年歷史，我們可以發現，收入與支出增長率之間的「失衡」並非新現象。在 1990 年代後期（特別是 1997－2001 年間），受惠於科技繁榮與克林頓政府的財政改革，收入增速曾多次超過支出，美國一度實現短暫的預算盈餘。然而，自 2001 年後，隨著 911 事件、反恐戰爭開支激增與布希政府兩輪減稅措施實施，收入增長迅速趨緩，而支出則因軍事與社會項目持續上升，重新陷入赤字。

2008 年金融海嘯後，為應對經濟衰退與刺激措施，政府支出激增，但收入卻因經濟下滑與大量稅收減免而大幅下降。儘管隨後經濟復甦，但收入增長始終未能穩定跑贏支出。尤其在 2017 年減稅政策落地後，企業稅收入出現明顯萎縮，使整體稅收對 GDP 的佔比進一步下降，這一趨勢至今尚未逆轉。

此外，當前的稅收系統本身也存在結構性問題。美國高度依賴所得稅與薪資稅，對資本利得與企業利潤的徵稅相對寬鬆，再加上避稅天堂、跨國轉移定價等漏洞，使高收入與大型企業的實質稅負大幅降低。根據國會預算辦公室的資料，2017 年聯邦稅收占 GDP 的比重約為

17.2%，2018 年下降至 16.4%，這一變化主要受到 2017 年《減稅與就業法案》（Tax Cuts and Jobs Act）的影響。然而，之後該比重有所回升，2021 年達到約 18.1%，2022 年更升至 19.6%，為 2000 年以來的最高水平。2023 年則回落至約 18.3%。

這些趨勢反映出：即使經濟擴張，若稅制無法有效捕捉新增經濟產值、或減稅導致稅基萎縮，政府的收入能力仍將受限。當這與剛性支出（如社會保障、醫療保健與債務利息）同步擴張時，便構成財政上的「雙重壓力」。

美國聯邦財政的結構性問題在於：收入增長受到稅制設計與政策因素限制，而支出則由法定義務與社會結構推動持續上升。這使得每次經濟擴張都無法真正改善財政狀況，反而成為赤字惡化的緩衝帶。若不進行系統性的稅制與支出改革，單靠短期政策調整，將難以扭轉赤字惡化的長期趨勢。

疫情後遺

新冠疫情爆發後，美國聯邦政府迅速推出史無前例的大規模紓困與刺激計畫，以防止經濟全面崩潰。這些措施在短期內確實穩定了民生與金融市場，但也造成政府支出在極短時間內激增，推升財政赤字至歷史新高。雖然疫情退去後，部分臨時性的支出已經回落，但許多福利項目的「基準線」卻因此被永久提高，使得政府整體支出規模明顯高於疫情前水準，成為長期財政壓力的新來源。

2020 年與 2021 年，美國國會通過了數輪紓困法案，包括《CARES 法案》、《美國救援計畫》（American Rescue Plan）與其他臨時措施，總金額超過 5 兆美元。這些法案涵蓋了全民現金發放、失業救濟擴張、疫苗與醫療支出、對中小企業的貸款與補助，以及各級地方政府的財政支援。這些資金大部分來自新發行的國債，使當年財政赤字在 2020 年一舉突破 GDP 的 15%，創下自第二次世界大戰以來最高紀錄。

在疫情最嚴重的時期，美國實施了多項前所未見的福利擴張。例如，失業保險額外補助每週 600 美元，使許多失業者獲得的補助高於原本工資；低收入家庭獲得多輪「刺激支票」；育兒稅額抵免（Child Tax Credit）從原本的 2,000 美元提升至 3,600 美元，並改為按月預先發放；學校午餐補助擴及更多家庭，成為「全民免費」制度的一部分。

儘管部分措施在疫情後期陸續退場，例如額外失業補助在 2021 年下半年終止，但其中一些原本的「臨時政策」卻逐漸變成新的「政策常態」。以育兒稅額抵免為例，雖然大幅擴張的版本最終未被永久化，但它確立了更高的社會期望與立法討論基準，成為民主黨與白宮未來預算主張中的核心項目。

另一個明顯的變化是公共衛生與醫療開支基準線的上升。疫情期間，美國擴大了對社區健康中心、公共醫療基礎設施與疾病控制部門的投資。雖然疫情後聯邦撥款有所減少，但對應部門的預算配置不再回到疫情前的「瘦身」狀態，而是維持一個明顯提高的起點。例如，疾病控制與預防中心（CDC）在 2024 年的預算已比 2019 年高出近 50%。

此外，疫情讓「全民照護」、「家庭照顧者支援」、「公共托育體系」等議題進入聯邦預算核心，也推動了一系列長期福利構想。例如在拜登政府的《Build Back Better》法案提案中，曾經設想將托育、學前教育與家庭照護納入聯邦支持項目，即便該法案最終未能完整通過，其內容仍反映出疫情對於福利政策思維的深刻影響。

這些政策基準線的提高，意味著即使美國已不再處於公共衛生緊急狀態，聯邦政府的年度預算支出水準也遠高於 2019 年。與此同時，稅收增幅並未同步追上（尤其在 2017 年減稅之後），這就進一步擴大了結構性的財政缺口。

新冠疫情雖是一場暫時性的危機，但對美國聯邦預算體系造成的是結構性的改變。一方面，它迫使政府在短時間內擴大開支以維穩；另一方面，它也提高了社會對於政府介入與福利水平的期待，使得未來即使在「常態」情況下，政府支出也難以回到原先的水平。這正是當前美國面臨的財政難題之一：危機過後的「支出遺產」，仍深深烙印在每年的預算帳目上。

結構性赤字

即使在經濟景氣時期，美國聯邦政府的財政仍持續入不敷出，並非因為收入短缺或景氣低迷造成，而是來自於一種深層次、制度性的財政結構失衡。這種不平衡的關鍵，在於聯邦政府的支出規模早已超過其正常稅收可負擔的範圍，尤其是法定義務支出逐年攀升，幾乎無法透過短期調整應對。

截至 2024 年，美國的法定義務支出（Mandatory Spending）總額預估達到約 4.3 兆美元，占 GDP 的 16% 左右，遠高於歷史平均。其中包括三大主要項目：社會保障支出約 1.4 兆美元、醫療保險與醫療補助（Medicare + Medicaid）合計超過 1.7 兆美元，而最令人關注的，是國債利息支出的暴增。

根據美國財政部公布數據，2024 年聯邦政府支付的債務利息總額已首次突破 1 兆美元大關，相當於 GDP 的約 3.7%，這是自 1940 年代以來的最高紀錄。

單就絕對金額而言，利息支出如今已超過聯邦政府對國防的年度預算，成為繼社會保障和醫療支出之後的第三大支出項目。而這些支出完全無法調整或延期，因其屬於法律與契約義務，一旦國債到期或票息到期，政府必須如期支付，否則將引發信貸危機與金融市場動盪（下圖）。

進一步分析，利息支出的劇增來自兩方面因素交錯：其一是總體債務規模的爆炸性擴張，美國聯邦政府債務總額已逼近 GDP 的 130%(上圖)；其二是自 2022 年以來，聯準會大幅升息以抑制通脹，導致政府舉債成本急劇上升。新發行的國債往往利率超過 4%，而過去大量以低利率累積的舊債也正陸續到期，需以更高利率再融資，這讓利息支出在短短兩三年內翻倍成長。

另一方面，稅收端的結構性不足亦是造成赤字的另一主因。自 2017 年減稅政策（《減稅與就業法案》）通過以來，美國企業稅率由 35% 大幅降至 21%，也削減了部分個人稅負。雖然當初的政策設計希望透過「減稅促成成長」來擴大稅基，但實際上收入增長有限。即使近年經濟表現尚可，2025 財年前五個月的聯邦收入僅同比增加約 2%，但支出卻激增 13%，導致赤字不斷擴大，反映出結構性失衡並未因景氣改善而自動修復。

此外，疫情期間的超大規模刺激措施雖已結束，但其「預算遺產」仍深植在聯邦帳目中。如育兒稅額抵免、公共營養補助、地方政府財政援助等支出，雖然多為臨時政策，但其中不少項目已在政治與社會層面建立了新預期，即便危機已過，也難以完全收回。

美國當前的財政困境已不再是短期政策錯誤或經濟波動的產物，而是來自長年累積的結構性支出義務與稅收能力不足的「制度性赤字」。當法定支出如滾雪球般擴大，國債利息快速上升，稅收卻無法相應擴張時，赤字便成為常態，而非例外。即使景氣復甦，政府依舊無法回到收支平衡，顯示這是一場無法單靠經濟成長或緊急紓困所解決的問題，而需對支出體系與稅收架構進行全面檢討與重構，否則未來的赤字將如影隨形，成為削弱美國長期財政穩定性的最大風險。

美國當前的財政困境也並非來自一時的經濟不景氣，而是多年來結構性政策累積所導致的結果。當「基本開銷」已經大到連景氣擴張也無法補平差額，代表財政體系已進入長期不可持續的狀態。真正的解方不在於臨時緊縮或短期刺激，而是需從稅收制度、支出機制與債務管理等方面進行深層改革。否則，即便經濟再度繁榮，財政赤字仍將如影隨形。

5.3 關稅新政對財政的作用

總統的高關稅政策除了貿易考量，背後也有財政上的盤算。在第 2 章我們提到，他宣稱關稅每日可進帳 20 億美元。倘若成真，年增收約 7300 億，能緩解財政壓力。但這是理想願景，現實恐怕要打折扣。

實際增收有限

美國政府在推出大規模提高進口關稅時，曾提出一個誘人的數字：「每日約 20 億美元收入」，每年約 7300 億美元，這樣的數字讓人眼前一亮，似乎能夠大幅改善美國長期的財政赤字。然而，若仔細檢視政府內部提供的實際預估和經濟分析，情況則明顯複雜許多，現實並非如此樂觀。

首先，政府提出 7300 億美元的理論收入，是以過去一年美國進口總額約 3 兆美元為基礎，再將新設定的平均關税税率約 25% 乘以此總額得出。數學上看似簡單：3 兆美元進口 ×25% 的關税税率，理論上等於 7500 億美元左右。扣除原本已徵收的部分低税率商品，大致估算可達 7300 億。然而，這樣的計算方法嚴重忽略了市場動態反應，也就是所謂的「需求彈性」因素。

經濟學理論明確指出，當商品價格因徵收關税而上漲時，消費者會自動減少對該商品的需求。進口量因此會下降，且下降幅度取決於商品的價格彈性。美國許多商品如電子產品、紡織品與消費類日用品，價格敏感度較高，當價格上升，進口量便會顯著減少。例如，美國貿易代表署（USTR）內部研究指出，若徵收 25% 的全面關税，預估進口總量會在一年內下降約 25% 至 30%，也就是從原本約 3 兆美元的進口規模減少至約 2.1 兆美元左右。

其次，更大的影響來自國外的報復性措施。美國大規模提高進口關税後，各主要貿易夥伴國將迅速採取報復手段。過去經驗顯示，歐盟、中國、日本等貿易夥伴國通常會迅速針對美國的重要出口品如農產品、汽車、高科技產品與航空產品徵收報復性關税。這將直接導致美國出口受損，並拖累國內相關產業營收和就業，反過來削弱了美國經濟動能和稅收基礎。根據美國商務部的內部估算，出口下降的效應將抵消一部分關稅增收效果，導致實際淨收益大幅縮水。

此外，還必須考慮行政與經濟調整的成本。大規模徵收新關稅需要增聘大量海關人員，加強查驗設施，這些行政成本與合規成本也需扣除在整體收入之外。美國國會預算辦公室（CBO）初步推算，這些行政管理與合規成本每年至少會佔去數十億美元。

最終，綜合所有這些因素後，美國政府內部實際估計的淨收入增長要比最初「7300 億美元」的簡單數字小得多。

根據美國國會預算辦公室與美國財政部的最新報告，第一年實施全面關稅後的淨新增收入約為 2000 億美元左右，僅達原始估算的四分之一左右。且隨著經濟調整與長期市場轉向其他供應鏈，後續年度的實際收入可能會進一步減少。

因此，儘管關稅收入聽起來是一種吸引人的財政收入來源，但在現實中卻遠比理論複雜，受到市場反應、需求彈性、報復性措施與行政成本等多重因素影響。

美國政府若真想透過關稅來填補財政缺口，必須謹慎計算與面對現實：實際進帳恐怕會遠低於最初的理論預期，關稅並非輕易可依賴的財政解方。

美國政府內部預估，第一年關稅淨增收約 2000 億美元左右，遠低於 7300 億的大餅。

產出損失

雖然高關稅政策的初衷是提高政府收入並保護國內產業，但它對整體經濟增長帶來的負面影響，最終也會反映在財政收入和支出兩個方面，抵消掉相當一部分的關稅收入。

首先，根據美國國會預算辦公室（CBO）與多個經濟智庫的研究分析，高關稅措施將抬升整體經濟的運作成本，特別是對依賴進口原材料與零部件的企業來說，成本的增加尤其顯著。以美國汽車產業為例，美國本土組裝汽車所使用的零件許多來自加拿大、墨西哥和亞洲國家，當這些進口產品遭到徵收高額關稅後，整車製造成本也會相應提高。根據美國汽車製造商聯盟（Auto Alliance）的估算，若汽車進口零組件成本上升 20%，美國本土汽車製造的整體成本將上升約 8-10%。最終，消費者面對更高的價格，需求必然下降，進一步打擊汽車產業鏈上下游的就業和產值。

而這種影響絕不限於單一產業。高關稅所引起的全面成本上升會降低企業的競爭力與利潤率，從而抑制企業投資意願。當企業因成本攀升而縮減投資，會直接導致經濟增長放緩。國會預算辦公室內部模型顯示，若全面實施 25% 的進口關稅，美國整體 GDP 年增長率可能減少約 0.4%。這聽起來數字不大，但以美國約 26 兆美元的 GDP 規模而言，每年 0.4% 的 GDP 損失相當於超過 1000 億美元的產值流失。

其次，經濟增速放緩會直接影響政府稅收。聯邦政府的主要收入來源是個人所得稅與企業稅，當經濟增長放緩甚至衰退，企業獲利下降、個人所得增長緩慢，聯邦稅收也將隨之減少。根據美國財政部的估算模型，美國 GDP 每減少 1%，聯邦稅收便相應下降約 0.5% 到 0.7%。因此，即使只是 0.4% 的 GDP 損失，對應的稅收收入損失也可能達到數百億美元之多，這在總體財政赤字狀況下絕非微不足道。

另一方面，高關稅帶來的另一項重大影響是失業的增加。隨著企業競爭力降低與經濟增長趨緩，必然導致就業市場萎縮。例如，美國經濟政策研究所（Economic Policy Institute）曾針對 2018-2020 年關稅措施做過推估，指出高關稅若全面推行可能造成約 20 萬至 30 萬的工作機會流失。而這些新增加的失業人口將轉而依賴政府的失業救濟、醫療保險（如 Medicaid）和其他社會安全網計畫，進一步提高聯邦政府的福利支出負擔。僅以失業救濟金為例，每新增 1 萬名失業者，聯邦及州政府每年就需要額外支付約 2 億美元。數十萬的失業者規模，意味著每年政府可能額外增加數十億甚至上百億美元的福利支出。

這些額外的支出與收入的下降，最終將明顯削弱甚至抵消掉透過關稅獲得的財政收入。因此，儘管表面上關稅可提供新的財源，但在考慮整體經濟動態、稅收損失與福利支出的增加後，其實質貢獻遠低於單純數學計算的數字。從中長期觀點看，高關稅措施不僅無法真正解決財政赤字問題，反而可能加劇財政壓力，導致聯邦政府在收入與支出雙重失衡的狀態下，更加舉步維艱。

儘管美國政府希望透過提高關稅來增加財政收入並刺激本土製造業，但實際情況往往與預期相距甚遠。特朗普總統總統第一任期（2017 至 2021 年）對中國商品大規模加徵關稅的經驗，便是一個重要且具有說服力的實際案例，能清晰地說明高關稅政策所導致的經濟產出損失，遠大於表面上取得的關稅收入。

根據美國經濟分析局（BEA）與國會預算辦公室（CBO）的研究，特朗普總統政府自 2018 年起對中國商品課徵 10% 至 25% 的關稅，涉及商品規模超過 3600 億美元。理論上，單純從稅率和進口規模計算，每年新增的關稅收入應可達數百億美元，但最終政府實際收取的淨收入遠低於最初預期。事實上，根據美國財政部後來的正式報告，實際新增收入每年約為數百億美元左右，但同時期美國經濟的損失卻遠超此數。

經濟學家廣泛研究發現，高關稅政策推高了進口原材料和消費品的價格，不僅增加企業生產成本，也減少了消費者的實際購買力。根據美聯儲與多個經濟研究機構的分析，美國消費者和企業承擔了絕大部分新增關稅成本，進口商品價格平均上漲超過 20%。以最常見的消費品如洗衣機、手機、電腦等為例，價格上升幅度明顯，消費者需求大幅減少。這種情況下，企業被迫縮減生產規模與投資計畫。

美國聯邦儲備銀行（Federal Reserve）曾於 2019 年發表一份經濟研究，指出特朗普總統第一任期內對中國商品的關稅，導致美國整體 GDP

增速每年降低約 0.3% 至 0.4%，相當於一年內損失超過 500 億美元的實質經濟產出。換句話說，美國經濟每因關稅收入增加 1 美元，便要付出約 2 至 3 美元的經濟損失成本，這顯然是一種「負報酬」的政策選擇。

此外，高關稅政策也直接導致美國就業市場承受沉重壓力。根據美國經濟政策研究所（Economic Policy Institute）的推估，2018 年至 2020 年特朗普總統政府對中國實施的高關稅措施，最終導致約 30 萬個工作崗位流失，其中包括大量製造業和農業的就業機會。許多企業為節省成本，將生產轉移到其他國家，而非回流美國。失業人口增加也推升政府的失業救濟金與社會福利支出，進一步加劇財政壓力。

綜合以上經驗可見，特朗普總統第一任期對中國商品的大規模關稅政策，在表面上看似增加了數百億美元的政府收入，但實際產生的經濟損失卻更為巨大。高昂的生產成本、降低的消費力、受損的出口與增加的失業人口，都遠超出關稅帶來的短期收入，使整個經濟體蒙受了難以忽視的淨損失。這段經驗充分證明了，高關稅措施並非財政或經濟問題的萬靈丹，反而可能適得其反，造成經濟長期的結構性損害。

成本轉嫁

表面上看，徵收進口關稅似乎是向外國企業「抽錢」，實際上，關稅是由美國的進口商支付，而非外國出口商直接支付。

當美國政府對進口商品徵收關稅時，這筆稅款最初由在美國報關的進口商（即美國境內負責貨品清關手續的公司或代理商）向美國海關與邊境保護局（CBP）繳納。也就是說，關稅直接從進口商的帳戶支付給美國政府，而不是從外國出口商的帳戶中扣除。

從經濟學角度來看，關鍵問題在於這筆額外成本最終由誰來負擔。雖然法律規定由美國進口商負責繳納，但進口商通常會試圖將關稅成本轉嫁給下游的買家（如零售商、製造商），最終由消費者承擔。如果進口商品缺乏替代品或需求彈性較低，消費者最終就會支付較高的售價，間接負擔這筆稅款。

相反地，如果出口商所在國的企業為了維持美國市場占有率，願意主動降低其產品出口價格，承擔部分甚至全部關稅成本，那麼出口商間接負擔的比例就會增加。但這種情況通常比較少見，且多發生在競爭激烈的市場環境下。

實務上絕大部分情況下，美國進口商先付錢，然後再視市場供需情況將這筆成本分攤給下游企業或消費者。因此，從直接支付的角度來看，美國進口商才是真正支付關稅的角色，而非外國出口商。

最終，美國消費者在購買進口貨物時會發現價格明顯上漲，必須付出更多的錢來取得原本相同的商品，導致實際的購買力下降。

除了消費者受害外，許多進口商與生產企業也會受到嚴重衝擊。以美國的製造業為例，許多企業的生產過程高度依賴從其他國家進口的原材料或中間產品，關稅提高將直接增加這些企業的生產成本，壓縮企業利潤空間。當企業利潤受損後，為了降低成本，必須透過減少投資或裁員等方式調整生產規模，進一步影響就業與收入。

當企業盈利下降、消費者購買力減弱，政府其他稅收來源也會隨之減少。美國聯邦稅收很大一部分來自於企業所得稅和個人所得稅，當企業獲利減少，所得稅收入自然降低；當消費者購買力減弱，各州的銷售稅也將受到影響。據國會預算辦公室（CBO）研究，高關稅政策導致的企業盈利減少與失業增加，可能使聯邦及地方政府每年損失數百億美元的稅收收入。

因此，儘管短期內政府透過關稅增加了表面上的財政收入，但這種做法其實是「左手進、右手出」。政府在關稅上取得的收入，實際上很大一部分已被民間消費與企業利潤的損失所抵消。從整體財政觀點來看，高關稅政策未必能帶來淨收入增加，更可能造成財政狀況只在帳面上改善，但實際改善有限甚至可能惡化的窘境。

那麼高關稅對雙赤字有幫助嗎？可能小有幫助但有限。假如關稅真能大幅減少貿易逆差，同時帶來些許收入，美國對外借貸需求降低，短期內或可改善國際收支和平衡財政。

鑒於上述種種經濟邏輯與實證研究，美國經濟學界多數意見均不贊同透過提高關稅來改善財政與貿易赤字問題。許多知名經濟學家公開反對特朗普總統政府所推行的高關稅政策，認為這種方式不僅無法根本解決雙赤字問題，更可能對美國經濟造成嚴重的長期損害。

首先，著名經濟學家、諾貝爾經濟學獎得主保羅· 克魯曼（Paul Krugman）便多次在其《紐約時報》專欄中指出，關稅措施是一種「自傷性政策」，將傷害美國企業與消費者利益，並進一步降低美國的經濟競爭力。克魯曼強調，貿易逆差本質上反映的是儲蓄不足與過度消費的內部失衡問題，而非外國「剝削」所致，試圖透過關稅來解決逆差問題，無異於「用錯了藥」。

哈佛大學經濟學教授、前美國財政部長勞倫斯· 薩默斯（Lawrence Summers）亦長期批評特朗普總統的關稅措施。他曾表示，提高關稅不僅無法縮減貿易逆差，還會降低美國企業競爭力、增加物價通膨壓力。薩默斯主張，美國真正需要的是增加國內儲蓄率和實施負責任的財政政策，而非簡單粗暴的關稅壁壘。

另一位諾貝爾經濟學獎得主喬瑟夫· 斯蒂格利茲（Joseph Stiglitz）也持強烈批評態度，指出「關稅是一種經濟自殘行為」，其成本主要由美國消費者和中小企業承擔，且無法有效扭轉全球貿易結構。他認為關稅不但未能創造更多製造業崗位，還削弱了全球供應鏈的效率，長期來看將損害美國經濟的增長潛力。

芝加哥大學經濟學教授、前美國經濟顧問委員會主席奧斯坦· 古爾斯比（Austan Goolsbee）也曾指出，高關稅實質是「隱藏的稅收」，負擔最終落在美國企業和家庭身上，並且導致物價上升與經濟放緩。他指出關稅帶來的收入與經濟損失相比根本不成比例，最終財政赤字問題仍然存在，甚至惡化。

麻省理工學院經濟學教授達龍· 阿西莫格魯（Daron Acemoglu）則從更深層次的產業政策角度批評新關稅政策。他認為，簡單透過關稅促使企業回流並不足以恢復製造業的競爭力，反而會降低企業創新動能，因為缺乏真正的產業政策、教育與基礎建設改革作配合，關稅政策只會事倍功半。

美國前聯準會主席葉倫（Janet Yellen）也曾多次公開表達關切，她明確指出，美國政府若持續使用高關稅措施，將大幅提升通膨壓力，並造成全球經濟動盪，最終也會使美國經濟增長放緩甚至倒退。

綜合這些知名經濟學者的觀點可見，主流經濟學界幾乎一致認為，高關稅措施無法真正解決美國所面臨的財政與貿易赤字問題，反而可能加劇內部經濟失衡、通膨壓力與全球貿易摩擦。雙赤字的問題根源在於美國自身的儲蓄率不足、財政紀律鬆散與經濟結構問題，唯有透過結構性改革、負責任的財政管理與適當的產業政策，才能從根本上解決問題，而非訴諸高關稅這種表面上的強硬措施。

美國財政赤字與貿易逆差相互交織，形成一種結構性循環。高關稅作為財政補藥，效果極為有限，還可能因拖累經濟而事與願違。要真正解開雙赤字困局，恐怕需要更系統性的財政改革與產業策略，而非僅僅提高關稅。歷史經驗或許能提供一些啟示，下一章我們將回顧美國以往的高關稅年代，尋找那時的得失教訓。

第 6 章

從麥金萊到斯穆特
——美國關稅的百年輪迴

特朗普總統的關稅大刀，讓許多歷史學者想起一個多世紀前的美國。彼時，美國也曾奉行極端保護主義關稅，以推動本國工業化。了解這段歷史，有助我們評估今日政策的潛在影響。本章將概述兩個高關稅時期的代表：1890 年的麥金萊關稅與 1930 年的斯穆特 - 霍利關稅，以及它們的教訓。

6.1 麥金萊關稅（1890）：保護新興工業的雙刃劍

1890 年，美國通過了著名的《麥金萊關稅法》（McKinley Tariff Act），這項法案以當時美國國會議員、後來成為美國第 25 任總統的威廉· 麥金萊（William McKinley）命名。法案簽署生效的時候，擔任美國總統的是本傑明· 哈里森（Benjamin Harrison）。當時美國正處於快速工業化的關鍵階段，國內企業不斷擴張，但許多新興產業仍然相對脆弱，在國際市場上難以與老牌工業國（尤其是英國、法國、德國）所出口的廉價工業品競爭。因此，保護主義的呼聲迅速升溫，而關稅政策也成為 19 世紀末美國政治舞台上的重要焦點之一。

在 1880 年代末期，美國經濟正從內戰後的動盪逐步走向工業擴張與經濟繁榮。然而，大量進口歐洲產品，如鋼鐵、紡織品和日用工業品等，以價格優勢持續湧入美國市場，對新成立不久的美國國內企業構成嚴重威脅。尤其是來自英國的鋼鐵與紡織製品，因為其先進的生產技術和規模經濟，幾乎以壓倒性的競爭力席捲美國市場。

當時共和黨主張強烈的保護主義，認為提高關稅可以幫助國內產業渡過難關，促進就業成長，並使美國的經濟最終達到自給自足的目標。共和黨參議員麥金萊正是這股政治風潮的重要推動者。他不僅在國會中倡導提高進口關稅，更積極在全國範圍內推動「保護本土產業」的觀念。他聲稱，提高關稅將會帶來美國工業的迅速成長與繁榮，使美國逐漸擺脱對外國工業品的依賴，確立美國在全球經濟中的獨立地位。

然而民主黨則持截然相反的自由貿易立場。他們批評共和黨的保護主義將導致消費者物價飆升，並損害美國普通家庭的利益。他們強調，美國農民和工人都必須負擔更高昂的價格，而利益則集中在少數大工業主手中，這不僅是不公平的，長遠來看還將削弱美國整體經濟競爭力。

儘管如此，共和黨在 1888 年大選中取得勝利，哈里森總統於 1889 年上任後，共和黨隨即利用國會多數優勢推動關稅政策改革。1890 年 10 月，《麥金萊關稅法》正式簽署生效，將美國進口商品的平均關稅稅率從原本約 38% 提高至歷史最高點——將近 49.5%。這個稅率大幅超越當時其他主要國家的水平，成為 19 世紀末全球最高的關稅制度之一。

然而，《麥金萊關稅法》實施後的效果卻未如共和黨預期般成功。儘管短期內確實減少了外國工業品進口，但高昂的進口稅率也迅速推高了國內的消費品價格，普通消費者的負擔大為加重。尤其是美國農民，他們出口農產品換取歐洲工業品的成本驟增，但農產品價格卻未相應上漲，反而因歐洲國家的報復性關稅而遭遇出口瓶頸。這一政策最終在 1890 年的期中選舉中引發強烈政治反彈，共和黨遭受嚴重挫敗，民主黨在國會重新奪回控制權。

回顧這段歷史，美國《麥金萊關稅法》的實施提供了深刻的教訓：雖然關稅能暫時保護新興產業，但其代價是消費者生活成本升高、其他產業出口受阻，甚至造成國內政治反彈。這段歷史經驗也成為日後美國在貿易政策辯論中的重要參考，提醒後世政策制定者：關稅手段必須審慎使用，過度依賴高關稅，未必能帶來國家經濟的真正繁榮與長期發展。

政策要點

《麥金萊關稅法》（McKinley Tariff Act of 1890）是美國歷史上最具代表性的保護主義法案之一，該法案不僅大幅提高了整體進口關稅稅率，也針對特定產業進行了精細的稅率設計，展現出當時保護國內工業的強烈政治意圖與經濟思維。法案的平均關稅稅率從約 38% 提升至近 49.5%，在 19 世紀末創下歷史新高。

特別值得一提的是，法案對多項工業品實施了極高的保護性關稅。其中變化最為大的是錫板（tinplate）關稅，從原本的 30% 稅率一口氣提高至 70%。錫板是一種廣泛用於製造食品罐頭、建材與容器的工業材料，在當時主要從英國進口。美國本土的錫板產業在 1890 年前幾乎可以說是「尚未成型」，產能與技術遠遠落後於歐洲，因此無力與進口產品競爭。為了扶植這類尚處萌芽階段的產業，政策制定者主張應以極高的關稅將國內市場封鎖起來，讓本土企業能在「不受外敵侵擾」的環境下逐步壯大，這種政策理念即為佔「幼稚產業保護論」（infant industry protection）佔。

這一思維來自古典經濟學的支脈，主張對尚未成熟的產業給予暫時性保護，等其具備規模經濟與競爭力後再開放貿易，以免過早暴露在國際競爭中被淘汰。當時的美國政策制定者普遍接受這一理論，認為美國若要從以農業為主的國家成功轉型為工業大國，就必須在發展初期對核心產業提供關稅屏障。

除了錫板之外，其他如毛織品、玻璃、金屬製品、陶瓷、農具與某些類別的機械設備，也都在法案中獲得顯著的關稅調升。這些商品多數為當時美國正在發展的關鍵工業領域。透過提高關稅，美國政府期望能減少對英國與德國工業品的依賴，鼓勵國內生產者擴大投資與產能。

《麥金萊關稅法》的獨特之處並不僅限於保護性加稅。它同時出人意料地取消了一些傳統民生用品的進口關稅，其中包括糖、茶與咖啡。這些商品因為幾乎不在美國本土生產，加稅無法帶來本地替代生產，因此被視為可開放的項目。取消這些商品的進口稅，一方面有助於減輕消費者在其他商品價格上升後的生活壓力，另一方面也有其外交與財政上的深意。

在財政面，美國當時面臨政府盈餘過高的問題。這聽起來似乎是件好事，但在 19 世紀末的美國，政府不願坐擁過多盈餘，因為過高的稅收會被視為對民間資源的過度侵佔。透過取消糖、茶、咖啡等大宗進口民生品的關稅，政府可有效減少關稅收入，達到削減盈餘的目標，同時又能向選民釋出「減稅惠民」的政治善意。

在外交策略上，《麥金萊關稅法》也設定了一個「條件優惠」的機制：若他國願意降低對美國商品的關稅，美方可針對某些商品給予進口稅減免或免稅待遇。這種安排帶有佔「關稅換市場」的外交談判策略色彩佔，希望藉由經濟誘因，促使其他國家開放市場、購買美國商品，進一步強化美國對外貿易的主導權。

這些政策在實施後效果不一。錫板產業雖在數年內快速成長，並逐步建立起一定的本土產能，但其發展依賴關稅保護甚深，至 20 世紀初仍未完全具備與歐洲對手匹敵的國際競爭力。而取消糖、茶、咖啡關稅則在政治上獲得部分民意支持，但未能有效彌補其他工業品關稅上升所造成的物價壓力。許多民眾仍對物價飆漲表示不滿，尤其是工薪階層與農民，感受到日常生活成本的壓力增加。

從整體政策角度觀察，《麥金萊關稅法》是一項具有高度野心的經濟政策嘗試，融合了產業扶持、財政調節與外交談判的多重目標。雖其政治與經濟效果存在諸多爭議，但作為 19 世紀美國推動工業化進程中的關鍵一環，其歷史地位無可忽視，也為後來的關稅與貿易政策提供了經驗與教訓。

短期效果

《麥金萊關稅法》在 1890 年正式通過後，的確在初期為美國部分新興工業帶來了短暫的繁榮，尤其是在被視為「幼稚產業」的錫板（tinplate）生產領域，成效尤為明顯。錫板是當時重要的工業原料，廣泛應用於食品罐頭、建築屋頂、各類容器和家用品。由於技術與資本密集，美國本土生產能力原本極為薄弱，長期依賴來自英國和其他歐洲國家的進口。

在《麥金萊關稅法》將錫板進口稅率從 30% 大幅提高至 70% 後，進口價格驟升，國內廠商的競爭劣勢迅速被逆轉。高關稅形成一道市場屏障，保護尚處萌芽階段的錫板產業免於被外國廉價產品壓垮。根據當時工業部門與海關數據統計，自 1890 至 1893 年間，美國錫板廠數量激增，從數家迅速增至數十家，被譽為「雨後春筍般冒出」。到了 1897 年，美國國內的錫板產量已足以供應約三分之一的全國需求，較原本預期的產業成熟時間提前了十年之久。這些成果令保護主義陣營振奮，也被作為後續高關稅政策的正當性範例引用。

然而，關稅法案的代價也極為明顯。首先，由於大幅提高工業品關稅，包括毛織品、玻璃製品、金屬製品、農業機械等在內的多項進口商品價格明顯上漲。這不僅影響了企業的進料成本，也直接壓縮了家庭的消費選擇與實質購買力。美國的日常用品，尤其是中低收入家庭經常購買的進口毛織品與玻璃製品價格在 1891 年後快速攀升。根據當時媒體與工會組織的調查，美國工人階級的生活成本在關稅生效後平均增加了 8% 至 12%，遠高於工資增幅。

為了避開新關稅生效後的進口成本上升，1890 年下半年大量進口商採取「提前進口」與「倉儲囤貨」策略。這種行為在短期內導致港口進口貨櫃激增、倉庫爆滿，也使得進口總量在法案正式生效的最初數個月內劇烈下降。根據關稅局資料，1890 年 10 月至 1891 年第一季，美國主要港口的進口商品報關量下降超過 40%，創下近十年最低。這種

「技術性避稅行為」在某種程度上強化了法案的保護效應——雖然未必完全是政策本意，但確實短期內削減了外國商品對國內市場的衝擊。

不過，這種做法也導致市場供需一度失衡。原本依賴穩定進口供應的零售商與消費者突然面對庫存不足、價格飛漲的現象，引發部分商品的短期通膨壓力。此外，大量囤貨也造成進口商現金流壓力上升，不少貿易公司在隨後的經濟波動中陷入資金困境。更大的反彈來自農業州選民。農民對歐洲的出口在遭遇報復性關稅後大幅下滑，玉米、小麥、棉花等商品的出口收入銳減，但農具與生活用品價格卻持續上升，引發中西部與南部地區的強烈不滿，成為 1890 年期中選舉共和黨慘敗的政治導火線之一。

總體來看，《麥金萊關稅法》在短期內確實達成了保護部分幼稚工業、鼓勵本地投資的目標，特別在錫板產業發展上留下了可量化的正面效果。但同時，它也帶來了價格上漲、生活成本增加、國際貿易摩擦升級、社會階層矛盾擴大等一系列副作用。這使該法案成為美國歷史上最具爭議性的關稅立法之一，為往後幾十年圍繞「自由貿易 vs 保護主義」的政策拉鋸奠定了激烈的爭論基礎。

長期影響

雖然《麥金萊關稅法》在 1890 年推出時被共和黨政府與工業界視為保護本土產業、推動美國工業化的重要一步，但隨著時間推移，其負面效果也日益浮現，對美國社會各階層產生了廣泛而深遠的影響。

一方面，高關稅確實在短期內保護了部分新興工業，特別是像錫板、玻璃、金屬製品等產業，得以在外國競爭壓力暫時解除的情況下迅速擴張。但另一方面，普通消費者與農民的利益卻在這場政策調整中遭到嚴重犧牲。進口工業品價格上漲，使得許多日常用品、服飾、家庭器具、工具等民生物資變得更加昂貴。中產與工薪階層的生活成本因而上升，工資卻未能同步提升，造成實質購買力下降。

尤其對農民來說，《麥金萊關稅法》幾乎帶來雙重打擊。首先，他們購買的農業設備如犁、耕耘機、榨油機等多為進口或需仰賴進口零件的產品。高關稅使這些設備價格明顯上升，增加了生產成本。其次，在國際貿易層面，許多外國市場對美國農產品採取報復性關稅政策，限制美國農產品進口。以德國、法國、奧匈帝國等歐洲國家為例，它們針對小麥、玉米、豬肉等商品大幅提高進口壁壘，削弱了美國出口競爭力。結果導致農產品價格下跌、庫存堆積，農民收入不增反減。對農業州的居民而言，他們面對的是「農具更貴、糧食更難賣」的窘境，逐漸激起對聯邦政府關稅政策的強烈不滿。

這種廣泛的不滿情緒迅速擴散至全國。在 1890 年 11 月舉行的國會期中選舉中，共和黨遭遇重大挫敗，失去了對眾議院的控制權。高關稅政策被視為主要導火線之一。民主黨候選人針對中西部與南方農業州的選民展開猛烈攻勢，強調《麥金萊關稅法》「肥了工業資本家，苦了農民與百姓」，這種訴求獲得了廣泛回響，也標誌著美國政治風向開始轉變。

除了政治上的反彈，經濟層面也顯現出高關稅政策的深層問題。當國內企業在高關稅保護之下缺乏來自外國商品的競爭壓力時，許多廠商逐漸喪失創新動力與效率追求。部分企業因「市場鎖定」而放棄升級技術與改進產品品質，導致生產效率低落、成本居高不下。在缺乏外部壓力的溫室中成長，這些企業變得對市場變化反應遲鈍，影響了整體產業競爭力的培養。儘管工業產能總量仍在增長，但其增長質量與效率的提升受到限制。

美國的確在這段期間加快了工業化進程，形成更多城市中心、擴大了鋼鐵、紡織、機械等基礎產業規模。然而，這場工業化的推進是建立在一個高度不平衡的基礎上——工業部門得到政府保護，農業部門卻承受全球競爭壓力且缺乏政策支援；城市中產階級受益，而鄉村勞動人口卻生活更加拮据。

此外，美國在國際貿易中的地位也因此受到限制。高關稅政策降低了美國商品的出口競爭力，並使得其他國家對美國市場採取相應報復，減少了美國對外貿易的彈性與主動權。這對一個日益走向全球化的經濟體而言，無疑是一種內向式、封閉式發展的代價。

總結來看，《麥金萊關稅法》雖初衷在於扶植國內產業、實現經濟自立，但其實施效果顯示出：當政府過度干預市場價格與貿易結構，且未能同步照顧多數人民的生活與生計時，經濟效率與社會公平將雙雙受損。該法案既是 19 世紀美國工業政策的重要標誌，也是一堂關於貿易保護主義代價的歷史課。它提醒我們，推動產業發展不應只著眼於短期保護，而需兼顧整體社會福利與經濟體系的長期平衡。

《麥金萊關稅法》（McKinley Tariff Act of 1890）在當時不僅是政治上的分水嶺，更對經濟層面造成了實質衝擊，尤其是在經濟增長放緩與消費者物價上升（通脹）方面，留下了明顯的歷史痕跡。雖然法案原意是透過高關稅刺激國內產業發展，進而帶動整體經濟擴張，但實際成效卻未如預期，反而在短期內造成了經濟成長趨緩與物價壓力上升的雙重負面影響。

經濟增長放緩：從復甦轉為停滯

根據美國商務部長期統計及《Historical Statistics of the United States》，美國實質 GDP 年增率在麥金萊關稅實施前（1888 – 1890）平均維持在約 3.5% – 4%，顯示出穩健的經濟擴張趨勢。然而，自 1891 年起，經濟增長顯著放緩，1891 年的實質 GDP 增長降至約 2.3%，到 1892 年更進一步滑落至 1.2%。

部分歷史學者與經濟史分析將這段增長放緩的現象歸因於《麥金萊關稅法》導致進口成本上升，壓抑了企業的投入與消費者的支出，特別是對依賴進口原料與設備的中小型製造商打擊更重。此外，外國市場報復性關稅所造成的美國出口下降，也間接削弱了農業與相關物流產業的投資與成長動能。

通脹上升：進口替代效應與物價壓力

根據美國勞工部的歷史價格統計，在 1890 至 1891 年間，美國經歷了一輪顯著的物價上漲潮，這與當時實施的《麥金萊關稅法》（McKinley Tariff Act of 1890）有著密切關聯。數據顯示，批發價格指數（Wholesale Price Index）上升了約 7.3%，而消費者物價指數（CPI）則上升約 4.6%。相較於此前幾年通脹率平均不到 2% 的穩定狀態，這一波價格飆升無疑異常且劇烈。

這場通脹的成因，主要可歸因於高關稅對進口商品的抬價效應。在麥金萊法案下，數千種進口商品被課以高達 40% 至 60% 的進口稅，尤其針對消費性商品如服飾、玻璃製品、陶瓷、五金工具等，課稅幅度尤為顯著。進口稅的抬高直接提高了這些商品的市場價格，消費者購買成本增加，造成物價全面上揚。

同時，由於進口受限，市場上的可用商品數量減少，導致供需失衡。原本依賴進口補充的商品，如高端布料、手工瓷器或某些金屬工具，在本地生產尚未即時補上的情況下，出現明顯短缺現象。這些品類的價格不僅因關稅上漲，更因供應緊張進一步飆升。

雖然當局為了平衡民生壓力，將糖、咖啡、茶等民生必需品列為免稅品項，企圖透過這些品類的價格下降來抵銷通脹效應，但實際效果極為有限。根據當時的零售價格資料，糖價確有小幅回落，咖啡與茶亦略有調降，但整體跌幅僅約 1% 至 2%。相較於服裝與建材類商品動輒 10% 以上的價格增幅，這種免稅措施對壓制總體通脹幾乎無濟於事。

芝加哥大學經濟史學者查爾斯· 費勒斯（Charles F. Ferris）在其分析 19 世紀美國關稅與通脹的論文中指出：「高關稅政策若無國內產能與替代品作為支撐，最終只會轉化為消費者價格的全面壓力。」他認為，麥金萊法案的通脹效果是一種「被低估的政策副作用」，亦為日後政治動盪與反對派抬頭埋下伏筆。

歷史提供了清楚的借鏡：關稅並非單純的經濟工具，更會牽動物價、民生與政治信任。若未妥善設計配套，任其大面積作用於民生品項，便可能造成如 1890 年代那般的物價異動與社會不滿。在今日通脹仍具結構性壓力的背景下，重提關稅作為產業工具，更需審慎評估其對物價穩定的深遠影響。

輸出損失與農業衝擊數據

除了國內物價上升對消費者造成的直接衝擊，高關稅政策對出口與農業收入的負面影響亦極為明顯。1890 年代初期的歷史數據顯示，關稅不僅未能帶動整體經濟的良性循環，反而在農業與出口領域造成嚴重後座力，進一步動搖了美國經濟的基礎結構。

根據 1891 年《美國對外貿易年鑑》（U.S. Foreign Commerce Annual Report）的統計，在《麥金萊關稅法》實施的次年，美國對歐洲主要市場的農產品出口量出現大幅下滑。小麥、棉花等主要出口作物的出口量，較 1890 年下跌了 11% 至 18% 不等。歐洲作為美國農業出口的最大買家之一，在面對美方政策轉趨保護主義後，轉向俄羅斯、埃及與南亞等其他供應來源，使美國農產品逐漸失去國際競爭優勢。

出口下滑的同時，美國國內農業收入亦受到重大打擊。數據顯示，美國中西部主要農業州的平均農產品價格在 1891 年比前一年下降約 8%。這一價格下跌，在表面上或許可被解讀為供需調整的自然現象，但結合出口量下降的背景來看，實則反映的是國際市場需求的流失，迫使國內農民被動降價以應對過剩供給。

更為嚴峻的是，農民此時同時面臨國內成本上升的壓力。在高關稅導致的進口機械與工具價格上升下，農業生產成本隨之增加。根據伊利諾州與堪薩斯州當年的農業調查報告，耕作所需的鋤具、馬具、肥料與運輸費用皆有不同程度上漲，部分品項漲幅高達 15%。換言之，農民收入減少的同時，支出卻在擴大，形成實質收入的雙重擠壓。

這種情況不僅對個體農戶構成生計壓力，更對整體經濟產生連鎖衝擊。農業作為當時美國 GDP 與就業的重要來源，其困境迅速傳導至相關產業，如鐵路運輸、農具製造、鄉村商業等，進一步削弱中西部與南部地區的經濟動能。哥倫比亞大學經濟史學者理查· 霍爾特（Richard Holt）曾指出：「1891 年的農業衰退，不僅是氣候或市場問題，更是由政策選擇所導致的結構性錯誤，讓美國失去了其最強的出口優勢來源。」

在政治上，農民的不滿情緒也隨之升高，催生了「民粹黨」（People's Party）等以反壟斷、反關税、倡導自由貿易與金融改革為主軸的新興政治勢力。這些動向顯示，關税所引發的並非單純經濟效應，更是對社會結構與政治版圖的深遠影響。

《麥金萊關税法》所引發的高關税環境，在國際上削弱了美國的出口競爭力，在國內則對農業形成收入減少與成本上升的夾擊效果。這不僅重創當時的農業部門，也拖累整體經濟表現，成為 19 世紀末期美國貿易政策最具爭議的一章。這段歷史提醒我們：保護主義政策若無全球視野與配套支持，往往會讓本欲保護的產業，最終成為代價最高的犧牲者。

保護之中伴隨代價

《麥金萊關税法》（McKinley Tariff Act of 1890）是美國歷史上最具爭議性的貿易政策之一。它的立法初衷，源於對新興工業的扶植與本土投資的激勵。在短期內，該法案的確在某些特定產業產生了正面效果，特別是在錫板、玻璃與部分機械製造領域，本地廠商因進口成本上升而取得短暫的價格優勢，投資意願也隨之提升。然而，從更宏觀的經濟視角觀察，其副作用同樣迅速浮現，且範圍更為廣泛。

該法案推行後，美國實質 GDP 增長率出現近 2 個百分點的下滑。儘管部分製造業產值上升，但整體經濟活動並未因此提速，反而因物價上升、出口下滑與消費縮減等因素而趨於疲弱。據歷史經濟統計學者史丹利· 利伯斯坦（Stanley Lebergott）的重建數據顯示，1891 年美國 GDP 增長率由前一年的 3.9% 跌至約 2.1%，反映出經濟活力的明顯衰退。

通脹壓力的加重與民生成本的全面上升，更讓關稅政策受到基層民眾的嚴重質疑。進口消費品如服飾、陶瓷、玻璃器皿與金屬工具等價格平均上漲約 5% 至 12%，對依賴進口貨的家庭支出造成直接衝擊。即使政府同時將糖、咖啡等必需品列入免稅名單，價格下降幅度有限，難以抵消整體通脹效應。都市勞工與農村居民普遍反映，日常生活成本顯著上升，社會怨氣逐步積累。

最深遠的打擊則落在農業行業。高關稅政策引發他國報復，美國農產品出口市場縮減。根據 1891 年《美國對外貿易年鑑》數據，美國對歐洲主要市場的小麥與棉花出口量下降 11% 至 18%，中西部州的平均農產品價格更比前一年下滑約 8%。出口受阻、國內市場供過於求，加之農業機具與肥料價格因關稅而上升，使得農民在收入減少與成本上升的雙重壓力下陷入困境。伊利諾與堪薩斯等州農民甚至組織抗議，呼籲終止關稅傷農的政策。

這場經濟震盪也在社會結構與政治地圖上留下深痕。高關稅政策被東北工業資本所擁護，卻引起農業州與消費者階層的普遍反彈，導致區域與階層之間的矛盾加劇。許多中西部與南方選區因此在 1892 年大選中轉向反對派，最終使推動該政策的共和黨失去國會多數。《麥金萊關稅法》也直接助燃了民粹黨（People’s Party）的崛起，該黨以「反壟斷、反關稅、保護農民」為綱領，在之後的選舉中迅速獲得支持。

從歷史回顧的角度來看，《麥金萊關稅法》是一項典型的「短利長害」政策。它在表面上提供了對某些產業的即時支持，卻未能考量整體經濟系統中各部門之間的高度關聯。產業政策若無視農業、消費者與出口部門的連鎖反應，反而會導致系統性失衡。更重要的是，當政策只為特定利益服務，卻轉嫁成本給多數人，將引發政治信任的危機與社會秩序的不穩。

這段歷史經驗提醒我們：關稅政策的制定，不能只著眼於單一產業或短期利益，更應審慎考量整體經濟循環、跨階層影響與國際互動後果。即使初衷正當，若執行方式極端、配套不足，最終仍可能造成「反噬式保護」的結果，讓欲扶植的產業與社會結構本身一同承受代價。

6.2 斯穆特 - 霍利關稅（1930）：大蕭條中的以鄰為壑

將時間推進至 20 世紀初，美國經濟歷史迎來一場震撼性的轉折。1929 年 10 月，華爾街股市在「黑色星期二」中崩盤，標誌著美國經濟從繁榮走向低迷，全球經濟也迅速受到牽連，進入歷史上最嚴重的經濟危機——大蕭條（The Great Depression）。

當時的美國總統是共和黨籍的赫伯特·胡佛（Herbert Hoover），他於 1929 年 3 月剛剛上任，原本面對的是一個表面繁榮、股市高漲、科技創新的「咆哮的二十年代」。但這一切在股市崩潰後迅速反轉：金融市場信心崩潰、銀行倒閉潮不斷、消費與投資劇減，失業率飆升，工業產出劇降。面對這場空前災難，胡佛政府試圖以各種方式穩定經濟，其中之一就是回到共和黨一貫信奉的保護主義思維——以提高關稅來保護國內就業與企業。

1930 年，美國國會通過了臭名昭著的《斯穆特－霍利關稅法案》（Smoot－Hawley Tariff Act）。該法案由參議員里德·斯穆特（Reed Smoot）和眾議員威利斯·霍利（Willis C. Hawley）提出，最初設計為對農產品加徵關稅，以緩解農民面對農產品價格崩跌的困境。然而，立法過程中，各行各業的遊說團體蜂擁而至，要求將自身產品納入保護清單，最終法案涵蓋了超過 2 萬種商品，包括農產品與工業品在內，進口關稅平均水平較 1922 年《福特尼－麥坎伯關稅法》（Fordney－McCumber Tariff Act）提高了約 20%，達到近平均 59% 的歷史高點。

這場立法攻防中，胡佛總統原本對關稅法案持保留態度，他曾公開表達擔憂，擔心此舉會引發他國報復並對美國出口造成打擊。然而，在黨內壓力與民粹保護主義情緒高漲下，胡佛最終還是在 1930 年 6 月

17 日簽署了該法案，使其正式成為法律。

當時的立法者普遍相信，提高關稅可以使美國製造業與農業免於海外廉價競爭，在經濟危機中守住就業與產值。但這一政策很快證明是一場嚴重的戰略錯誤。法案生效後，美國的貿易夥伴國，包括加拿大、法國、英國、德國、義大利等國紛紛進行報復，對美國出口商品徵收高額關稅。世界貿易因此急劇萎縮，美國出口額從 1929 年的約 53 億美元暴跌至 1932 年的不到 17 億美元，下降超過 65%。同時，農產品如小麥、玉米、豬肉等的國際市場幾乎被關閉，農民陷入更加深重的困境，價格進一步崩跌。

這種「你加我也加」的惡性循環引爆了全球性的貿易戰，各國紛紛採取貿易壁壘來保護本國市場，導致全球經濟體系更加碎裂。全球貿易總量在 1930－1933 年間減少近三分之二，世界銀行與歷史學者普遍認為，《斯穆特－霍利關稅法》加速了全球經濟的崩潰，延長了大蕭條的持續時間與破壞程度。

不僅經濟遭遇重創，政治上也帶來劇變。國內民意對胡佛政府的失望與憤怒迅速累積，1932 年總統大選中，民主黨人佔富蘭克林· 羅斯福（Franklin D. Roosevelt）佔以壓倒性勝利當選，展開其「新政」（New Deal）改革。而共和黨則因堅持保護主義而在國會與各州選舉中潰敗。

回顧這段歷史，《斯穆特－霍利關稅法》被經濟學界廣泛認定為 20 世紀最具破壞性的經濟政策之一，經濟學家米爾頓· 傅里曼（Milton

Friedman）與保羅· 克魯曼（Paul Krugman）皆曾強烈批評此政策為「貿易災難的放大器」。甚至在 2009 年金融危機後的 G20 峰會上，各國領袖特別引用該歷史教訓，強調不應重蹈「關稅壁壘擴大危機」的覆轍。

立法初衷

1930 年通過的《斯穆特－霍利關稅法》（Smoot－Hawley Tariff Act），是美國歷史上最具爭議、也最具警示意義的貿易法案之一。這項法案的出現，並非憑空而來，而是當時美國政治與經濟環境交織下的產物。它的初衷，是為了拯救陷入困境的美國農民與產業，保護本國就業免於大蕭條初期的巨大衝擊。

1929 年 10 月，華爾街股市發生歷史性的崩盤事件，標誌著美國經濟從繁榮的「咆哮的二十年代」急轉直下。隨著信貸收縮與資產縮水，銀行接連倒閉，企業大規模裁員，民間投資與消費信心徹底潰散。美國各行各業迅速陷入低迷之中，但衝擊最直接的，當屬本就處於邊緣的農業部門。

自一戰結束後，全球糧食需求下滑，美國農產品價格持續低迷。農民在 1920 年代普遍面對債務壓力、機械化成本攀升與市場萎縮等問題。到 1929 年，大部分農產品的價格已跌至戰前水平以下。棉花、玉米、小麥、乳製品等主力作物價格暴跌，農民難以為繼。與此同時，工業部門也開始出現企業倒閉潮，鋼鐵、紡織、機械等產業出現訂單驟減、產能閒置、裁員蔓延的情況。

在這樣的背景下，美國政界對保護主義的呼聲迅速升高。政客們普遍認為，當國內經濟遭遇危機之時，佔應該先保住本國的就業與產業基礎，把市場「還給」美國的農民與工廠。佔這種想法在政治上極具吸引力，尤其對農業州的選民與地方利益團體而言更是迫在眉睫。於是，原本只是針對部分農產品進行調整的關稅提案，迅速演變為一場全面提升貿易壁壘的大工程。

由參議員佔里德· 斯穆特（Reed Smoot）與眾議員威利斯· 霍利（Willis C. Hawley）佔所提出的《斯穆特－霍利關稅法》最初只是要針對農產品加徵進口稅，但在立法過程中，超過 2000 項修正案不斷加入，各行業紛紛要求「同等待遇」，要求對自己所代表的產品也設立保護性稅率。結果，這部法案最終涵蓋了超過 2 萬種進口商品，將美國整體進口關稅水準再度推高，平均關稅從 1920 年代的 38% 提高到近 59%，創下歷史高點。

時任總統赫伯特· 胡佛（Herbert Hoover）對法案有所保留。他曾公開警告，過度保護可能引發貿易報復，對出口構成打擊，反而不利於復甦。但在共和黨內部壓力及選民壓力下，胡佛最終於 1930 年 6 月 17 日簽署法案，使其成為法律。

在當時的政界與部分輿論看來，這是「為了美國勞工與農民爭回市場」的正義之舉。他們認為，外國廉價商品湧入搶奪本土企業份額，是造成失業與價格崩盤的罪魁禍首；只要提高進口門檻，就能為本國生產者爭取喘息空間。這種論點在經濟動盪中極具吸引力，尤其在面對失業上升、工廠倒閉、農田荒蕪的社會氛圍中，極容易獲得民意支持。

然而，這套理論忽略了全球貿易的相互依賴性。美國當時並非單純的進口國，它同樣是全球第一大出口國之一。當美國大幅提高關稅後，各國迅速展開報復：加拿大、英國、法國、德國等對美國商品加徵重稅。結果，美國出口遭遇寒冬，農民原本指望的海外市場一一關閉，農產品價格非但未回升，反而加速崩跌。根據歷史數據，美國農產品出口金額在 1930 至 1932 年間下降超過 60%，農民收入雪上加霜。

同樣，許多依賴外國原材料或零部件的美國製造業，在面對高關稅與出口受限的雙重打擊下，生產成本上升、銷售下滑、企業倒閉速度進一步加快，失業人口激增。原本為了「挽救就業」所設的關稅政策，最終反而加劇了失業浪潮。

《斯穆特－霍利關稅法》誕生於極端時期，其動機——保護本國產業與勞工——在當時看似合情合理。然而，這種過於簡化的政策邏輯低估了國際經濟的互動性，結果不僅未能遏止大蕭條，反而在很大程度上將美國自身推得更深，也將全世界拖入更嚴重的經濟寒冬。這段歷史成為全球經濟政策中的警世教材，也提醒後世政策制定者：保護主義雖然易於施行、民意易得，但其後果常常是得不償失、適得其反。

全球連鎖反應

《斯穆特－霍利關稅法》（Smoot－Hawley Tariff Act）於1930年通過，原意是要保護深陷困境的美國農民與工業，讓國內市場回到本土生產者手中。然而，這項本意為「救市」的政策，卻在實施後引發了一場意料之外的全球連鎖反應。世界多國對美國的保護主義感到憤怒，迅速採取報復措施，使原本就風雨飄搖的全球經濟體系進一步走向崩潰。

當《斯穆特－霍利法》於1930年6月正式生效後，美國對超過兩萬項進口商品加徵關稅，平均稅率從約38%躍升至近59%。這個水準不僅是當時世界最高，也大幅高於1922年《福特尼－麥坎伯關稅法》的標準。許多國家的出口企業因而被排除在美國市場之外，引起各國政府與工會的激烈反彈。美國的主要貿易夥伴原本正面臨自己內部的經濟問題，如通貨緊縮、失業上升與債務危機，《斯穆特－霍利法》的實施如同點燃火藥庫，讓本已脆弱的國際貿易關係全面瓦解。

超過20個國家迅速展開報復性關稅措施，掀起了全球性保護主義浪潮。加拿大是最早反擊的國家之一，對美國出口商品如農產品、汽車、鋼鐵徵收高關稅，並大幅轉向與英國和其他英聯邦國家的貿易合作。英國則在1932年召開「渥太華帝國會議」，推動英聯邦內部貿易優惠政策（即帝國特惠制），進一步將美國排除在其核心貿易圈之外。

德國、法國、義大利等歐洲國家也採取類似行動，對美國產品如農業機械、汽車、化工產品與穀物加以限制或課重稅。有些國家則透過進口配額、貨幣限制等手段進行非關稅壁壘的報復。例如德國推行外匯管制制度，使美國出口商無法輕易兌換德國貨幣，實質上形成了貿易封鎖。

這場關稅戰導致國際貿易環境迅速惡化。各國轉向內需導向與經濟封閉，形成佔「以鄰為壑」（beggar-thy-neighbor）佔的惡性循環——為了保護自己經濟，犧牲別國出口；而別國反擊，導致全球需求進一步萎縮，最終連自身出口也受損，陷入雙輸困局。

結果是災難性的。根據歷史統計資料，自 1930 年至 1933 年間，全球貿易量下降超過 65%。以美國與歐洲的貿易為例，雙邊貿易總額在短短三年間縮水近三分之二。例如，美國對德國的出口從 1929 年的 5 億美元降至 1933 年的不到 2 億美元。全球範圍內，無論是商品出口還是原料進口，都出現斷崖式衰退，導致產能過剩、工廠倒閉與更多失業，經濟信心全面崩潰。

不僅如此，國際金融系統也遭波及。因為貿易減少，各國外匯儲備下降，無法維持金本位匯率穩定，促使 1931 年英國首先放棄金本位，其後多國跟進，國際貨幣體系進入劇烈動盪期。貿易與匯率的不穩定，加劇了企業的不確定性與投資緊縮，讓全球經濟雪上加霜。

在美國國內，《斯穆特－霍利法》非但未能如願帶動復甦，反而使情勢惡化。農產品無法出口導致價格進一步崩跌，工業品亦因出口市場萎縮陷入滯銷。據估算，美國在 1930 年通過此法後，失業率從 9%

飆升至 1933 年的 25%，工業生產萎縮近半，數千家銀行關門倒閉。原本為了挽救就業而制定的法案，最終反成為失業惡化的助推器。

歷史學界與經濟學界幾乎一致認定，《斯穆特－霍利關稅法》是導致全球經濟大蕭條惡化的關鍵催化劑之一。諾貝爾經濟學獎得主保羅· 克魯曼曾表示，該法案是「歷史上最著名的自傷性經濟政策」。另一位經濟學家本· 伯南克（Ben Bernanke）也在研究大蕭條時指出，貿易崩潰與關稅政策「讓經濟危機持續時間更久、衝擊更深」。

這段歷史深刻地提醒後世：在經濟危機時期，孤立主義與保護主義不但無法自救，反而可能將整個國際體系拖入更深的泥沼。全球化背景下，國與國之間的經濟依存如同一張密不透風的網，一旦有一方揮刀自保，整體網絡也將震動斷裂。《斯穆特－霍利關稅法》不僅是一項失敗的經濟政策，更是一個代價慘重的國際教訓。它讓我們明白，關稅不只是經濟手段，更是國際合作與信任的風向標。若濫用，後果不僅限於財政與就業，甚至可能波及整個世界經濟的秩序與穩定。

對美國自身的影響：1930 年，美國政府通過《斯穆特－霍利關稅法》，原意是要保護陷入困境的美國農民與工業，藉由阻絕外國競爭，將國內市場留給本土生產者，以挽救日益惡化的就業情況。在經濟急遽下滑的背景下，這樣的政策選擇看似合情合理，甚至被許多政客視為對國民負責任的作為。然而，歷史最終證明，這項法案不僅未能拯救美國經濟，反而加重了經濟崩潰的程度，其影響深遠且多面，成為經濟學史上最具代表性的「適得其反」政策。

法案於 1930 年 6 月正式生效後，對超過兩萬種商品大幅調高進口關稅，平均稅率從約 38% 攀升至近 59%。由於涵蓋範圍廣泛、幅度極大，直接衝擊了當時各國對美輸出的經濟利益。報復也隨即而來，歐洲、拉丁美洲與亞洲等主要貿易夥伴紛紛對美國商品徵收報復性關稅。美國的出口市場於是迅速萎縮，尤其以農產品受創最深。小麥、棉花、豬肉等主力農產遭遇國際市場關閉，不僅出口量銳減，價格也因庫存堆積而大幅下跌。數以萬計的農戶無力償還機械貸款與土地抵押，大片農地被迫拍賣，農民的生活條件跌入谷底。

工業部門同樣陷入困境。汽車、鋼鐵、機械、化工等出口導向型產業失去了國際訂單，國內消費市場又因經濟衰退而萎縮，導致產能過剩、庫存積壓，企業不得不裁員或停產。失業人數快速增加，社會不穩因素也隨之蔓延。當時的經濟統計顯示，美國的實質 GDP 從 1929 年開始連續下滑，到 1933 年時，總體經濟規模已較四年前縮水超過三成。僅 1932 年一年，美國 GDP 就下跌了將近 13%，創下近代紀錄。

不僅如此，《斯穆特－霍利法》並未帶來保護主義者所期待的價格穩定效果。由於大量勞工失業與企業倒閉，整體消費能力大幅下降，物價反而持續走低。美國經濟進入嚴重的通貨緊縮時期，消費者物價指數（CPI）自 1930 年起連續下跌，到 1933 年為止總跌幅達 27%。這意味著即使進口商品價格因關稅而上漲，其影響也被整體經濟低迷所淹沒。消費者延後購買、企業推遲投資，形成「通縮螺旋」，讓原已脆弱的需求更加萎縮。結果是：價格無法支撐，就業繼續惡化，經濟崩盤速度加快。

社會各階層無一倖免。農民收入崩潰，被迫變賣土地與牲畜，不少人舉家遷移尋求生路；城市中產階級也陷入失業與破產的陰影之下，許多原本穩定的白領職位消失殆盡，小企業主因消費市場瓦解而陸續倒閉。銀行業受到重創，大量存戶擠兌，數千家金融機構倒閉，成千上萬家庭的積蓄化為烏有。年輕人輟學失業，成群結隊地搭乘貨運列車四處尋找臨時工，成為大蕭條時代最具象徵性的景象之一。至 1933 年，美國全國失業率高達 25%，大約有 1500 萬人沒有工作，民眾生活苦不堪言。

高關稅政策也未能改善聯邦政府的財政情況。由於國際貿易量急劇下滑，美國的進口總值從 1929 年的 45 億美元下降至 1933 年的不到 20 億美元。這意味著即使單項商品課徵較高稅率，但總體貿易基數的萎縮使得關稅總收入並未顯著成長，反而與大蕭條期間經濟下滑的規模相對照下顯得微不足道。另一方面，因失業與企業虧損擴大，所得稅與營業稅收亦大幅減少。聯邦政府為維持最低限度的社會支出與基礎建設，被迫舉債因應，導致財政赤字迅速惡化。公共財政的緊縮進一步削弱政府應對危機的能力，形成惡性循環。

《斯穆特－霍利關稅法》的政策目標與現實結果之間出現巨大落

差。本意是挽救農民與工人，實際上卻促成了出口市場的癱瘓與企業倒閉浪潮；試圖提高價格，卻引發通縮；想要創造就業，卻導致失業飆升；以增加收入為目標，最終卻令政府財政雪上加霜。這是一個以「經濟自救」為名的錯誤政策，其後果不僅限於經濟領域，更動搖了社會穩定與政治信任。1932 年美國大選，民主黨人富蘭克林· 羅斯福橫掃勝選，正是選民對高關稅、對共和黨保守經濟主義徹底失望的反映。

這段歷史也成為後世對保護主義的深刻警告。在經濟危機之中，以關稅自保的衝動往往強烈，但若忽略國際經濟的相互依存性與市場機制的長期調整功能，貿易壁壘只會造成更深層次的崩解。《斯穆特－霍利法》的實例證明了這一點：它不是一把護國之劍，而是一把傷己之刃。

政策轉向

經歷了 1930 年代的大蕭條與《斯穆特－霍利關稅法》造成的全球貿易崩潰後，美國深切反思自身的經濟政策走向，逐漸認識到高關稅雖可能短期保護部分產業，卻無法真正挽救經濟，反而會引發國際報復與需求崩潰，讓整體經濟陷入更深的泥淖。從這段歷史中痛定思痛，美國開始改弦易轍，從保護主義的堡壘轉身為自由貿易的倡議者。這一政策轉變的標誌性起點，便是 1934 年通過的《互惠貿易協定法》（Reciprocal Trade Agreements Act, RTAA）。

該法案由羅斯福總統推動，並由其國務卿科德爾· 赫爾（Cordell Hull）主導設計。赫爾是堅定的自由貿易信仰者，他主張貿易自由化不僅有助於經濟復甦，更能促進國際和平與穩定。此法案授權總統在不需國會逐條批准的情況下，與他國進行關稅減讓談判，並將彼此協定的減稅條件納入「最惠國待遇」條款。這項制度性創新，大幅提高了關稅政策的靈活性與效率，讓美國得以快速恢復與他國的貿易關係，打破孤立主義思維。

1934 年以後，美國迅速與多國簽訂雙邊貿易協定，包括英國、法國、加拿大、巴西與瑞典等，談判對象涵蓋歐洲與拉丁美洲多數主要貿易夥伴。在不到十年內，美國便透過該法案簽署了超過二十項雙邊貿易協議，將部分商品關稅調降幅度高達 45%。這種「互利互降」的制度安排，不僅促進美國出口的回升，也帶動了全球貿易秩序的修復。與 1930 年代初期的貿易封鎖相比，這一波政策轉向標誌著美國貿易戰略的結構性改變。

這套以互惠為核心的貿易外交思維，在二戰後進一步升級。美國不再侷限於雙邊協議，而是轉向成為多邊自由貿易制度的構建者與領導者。1947 年，美國主導成立了「關稅暨貿易總協定」（General Agreement on Tariffs and Trade, GATT），以多邊談判方式逐輪削減關稅與非關稅障礙。初期包括 23 個簽署國，其後擴展至全球主要經濟體。GATT 不僅降低了全球關稅平均水準，也建立起「透明、公平、規則導向」的國際貿易秩序。這正是美國對《斯穆特－霍利法》最深刻的反省的產物。

隨著全球經濟日益整合，GATT於1995年升格為世界貿易組織（World Trade Organization, WTO），成為規範全球貿易規則的最高機構。WTO不僅延續GATT關稅削減的目標，更涵蓋了服務貿易、智慧財產權與爭端解決機制等新領域。這一架構的確立，使國際貿易進一步朝向制度化與法律化邁進。美國在其中扮演主導角色，不僅積極推動貿易自由化，也受益於自由貿易所帶來的出口擴張、消費者福利與產業創新。

從1930年高關稅引發的貿易戰與全球蕭條，到1934年轉向互惠降稅，再到戰後建立GATT與WTO體系，這段歷史呈現了美國貿易政策從封閉轉向開放、從單邊主義走向多邊主義的根本變化。其背後的深層邏輯，是對高關稅失敗教訓的深刻反省：當各國爭相築起貿易壁壘，最終無人得利；唯有透過制度化協商與開放市場，才能實現共贏與繁榮。

今日的世界貿易格局，無論是跨國供應鏈的形成、電子商務的興起，還是全球製造與服務的協作，無不建立在這段歷史轉捩點之上。美國之所以能在20世紀後半葉成為世界經濟強權，不僅因其產能與技術，更與其在大蕭條後選擇擁抱開放、推動貿易自由化有著密不可分的關係。這段由痛苦反思推動的政策轉向，不僅改變了美國，也塑造了整個現代全球經濟的基礎。

6.3 歷史給今日的啟示

回顧美國的關稅史，我們不難看出一個反覆出現的結構性循環：當經濟面臨壓力或政治情勢搖擺時，關稅政策便成為快速且容易理解的「解方」，被用來作為保護產業、安撫民意與展現國家主權的工具。然而，從 19 世紀到 21 世紀，這種週期性的「關稅回朝」不僅反映了美國政治文化中的內向衝動與經濟焦慮，也揭示出一個關鍵教訓——關稅從來不是零成本的選項，其後果往往遠比初衷複雜與深遠。

在 19 世紀，美國是一個新興的工業國，試圖在與歐洲強國的競爭中站穩腳跟。於是，保護主義便成為國家戰略的一部分。1816 年開始，美國逐步採取高關稅保護新興產業，而到 1890 年的《麥金萊關稅法》更是將進口關稅推升至近五成，對外築起貿易壁壘的高牆。這些政策確實在短期內促進了國內工業的崛起，美國逐步由農業社會轉型為世界工業強權。然而，代價也逐漸浮現：消費品價格高漲、中西部與南方農民面臨進口原料與農具成本飆升，國內階層與區域矛盾加深。政治上，共和黨的高關稅立場屢次引發民意反彈，1890 年與 1910 年代的期中選舉中即明顯受創。

進入 20 世紀初，在 1929 年金融風暴與經濟危機席捲全球之際，美國又一次訴諸高關稅，試圖「保業救產」。1930 年通過的《斯穆特－霍利關稅法》，原本只是針對農產品保護，卻在國會過程中被各產業遊說擴展為對 2 萬多種商品徵收重稅的全面保護法案。結果，這項政策在國內並未帶來預期的經濟提振，反而導致出口崩潰，農民滯銷，企業產能過剩。更嚴重的是，全球貿易進入報復性競爭，各國紛紛提高關稅、設置壁壘，世界貿易量在三年間縮減三分之二，大蕭條蔓延成全球性災難。《斯穆特－霍利法》不僅被經濟學界視為「歷史上最具破壞性的經濟政策之一」，其政治代價也十分慘烈。胡佛總統在 1932 年大選中慘敗，標誌著共和黨保護主義的重大挫敗。

然而，歷史也顯示，痛苦往往催生反思與改革。1934 年，羅斯福總統推動《互惠貿易協定法》，首次賦予總統與國務院對外談判降稅的權力，美國逐步從保護主義中解放出來，轉而以雙邊與多邊方式參與全球貿易體系。這一轉向在戰後進一步擴大，美國主導成立關稅暨貿易總協定（GATT），並於 1995 年演變為世界貿易組織（WTO），推動貿易自由化，拆除壁壘，擴大市場。雖然這一過程中美國的貿易逆差逐漸常態化，尤其是對中國與東亞地區的巨額逆差引發了長期爭論，但經濟整體卻不斷壯大。出口企業擴張、消費者享有豐富且便宜的商品、科技產業因全球分工受益，美國在全球經濟中的地位與影響力亦同步提升。

如今來到 21 世紀的 2025 年，美國再次面對新的焦慮：去工業化的現實、對中國與其他新興經濟體競爭的不安、全球供應鏈脆弱性暴露、新冠疫情與地緣政治緊張帶來的安全壓力……在這樣的氛圍中，關稅再次被拿出作為解方。總統與部分政客主張透過「全面關稅」政策迫使外國回應，鼓勵企業回流、製造業復興，並藉此調整長期的逆差結構。表面看來，這種做法似曾相識，也贏得了部分選民的支持。然而，這樣的路線也讓許多觀察者擔憂——美國是否正在重演歷史的舊戲碼？

歷史經驗告訴我們，高關稅的短期利益是有的，例如可以為某些瀕危產業提供喘息空間，也可能在特定談判中創造籌碼，或在危機時穩定就業。但這些好處往往來得快、去得也快。一旦其他國家展開報復，反制措施加劇國際緊張，最終出口的企業遭殃，消費品價格上漲，整體經濟活力下滑。今天的全球化時代與 1930 年代不同，國際供應鏈更緊密，生產與貿易環節彼此交錯，一國的保護主義政策將迅速透過資本市場、原物料價格與物流成本傳導至全球，後果更即時、更劇烈。

此外，政治成本同樣不能低估。美國歷史上，高關稅屢次成為總統選舉與國會選戰的敏感議題。胡佛、麥金萊與克利夫蘭等歷任總統都曾因關稅問題而贏或輸掉選票。而 2025 年，美國因新一輪關稅政策再度與盟國產生裂痕，不僅在 WTO 中受挑戰，與歐盟、加拿大、日本等夥伴也陷入摩擦，國際孤立態勢浮現。國內方面，消費者對物價上漲表達不滿，中小企業抱怨原料進口受阻，農業州更對出口市場流失感到憂慮。商界開始施壓，希望政策能回歸理性與可預期性。

這樣的背景下，我們再次站在歷史的分水嶺。關稅究竟是治本之道，還是舊病復發的徵兆？如果美國想從歷史中學習，就必須記得：真正能帶來經濟繁榮與社會穩定的，不是築牆，而是建橋；不是封閉市場，而是提升競爭力與投資能力。當政策思維重回 20 世紀初的保護主義軌道，我們必須冷靜思考，那條道路是否真的能通往 21 世紀的未來。

麥金萊關稅和斯穆特 - 霍利關稅是美國歷史上兩段高關稅時期的縮影，給我們提供了寶貴的參考。21 世紀的全球經濟更加緊密相連，新關稅政策可能重現的老問題需要引起警惕。瞻前顧後，我們在下一章將審視 2025 年總統關稅主張中存在的矛盾和經濟學界的質疑聲音，進一步評估此政策的可行性。

第 7 章

關稅萬能藥的迷思
——經濟學界的質疑

總統眼中的關稅政策可謂包治百病，但在許多經濟學者看來，其中存在諸多矛盾和迷思。本章我們整理出幾條最受關注的質疑點，看看高關稅藥方是否真能如願以償，還是自相矛盾。

7.1 關稅 vs 匯率：一升一降的矛盾

在談論貿易政策時，我們常常將關稅與匯率視為兩條不同的政策工具，但實際上，這兩者之間有著深刻的互動關係，甚至會在實際操作中出現目標衝突，形成所謂的「政策內部矛盾」。以 2025 年的美國情境為例，總統希望透過提高關稅來壓縮貿易逆差，同時也多次公開表示希望美元貶值，讓美國出口更具價格競爭力。乍聽之下，這兩項措施似乎都是針對減少貿易逆差的目標所設計，但實際上，它們在市場運作的邏輯上卻可能互相抵銷。

要理解這個矛盾，我們需要從外匯市場的基本運作邏輯談起。當一個國家進口大量商品時，它必須將本國貨幣兑換為外國貨幣來支付款項，因此會在外匯市場上賣出本國貨幣、買進外國貨幣。對美國而言，當進口商品增加時，美元就會在市場上被拋售，用以購買歐元、人民幣、日圓等他國貨幣。反之，當美國進口減少時，對外支付的美元變少，在外匯市場上，美元的供應下降，若其他條件不變，美元便會升值。

這正是關税政策可能導致美元升值的核心原因。當政府提高對外國商品的進口關税時，進口商品變得更貴，進口量因而下滑。這代表美國對外支付的美元減少，即市場上的美元供應下降。依照外匯市場的供需機制，當美元供應收縮時，其價值便會上升，也就是匯率升值。這是關税帶來的間接但強而有力的貨幣市場效應。

問題在於，美元升值將使美國商品在國際市場上變得更昂貴。若其他國家貨幣相對貶值，則一件美國出口商品的美元價格即使不變，其換算後的外幣價格就會上升，削弱出口競爭力。這直接抵銷了總統原先期望透過關税促進出口的政策效果。也就是説，本來是想「擋住別人的東西進來、鼓勵自己的東西出去」，結果卻因匯率反彈而讓「自己的東西」出不去。

這種矛盾在歷史上已有實例。最典型的是 2018 年美中貿易戰期間，美國對中國商品加徵關稅，理論上應該減少進口、改善貿易平衡，但期間美元指數卻節節上升，從約 89 點升至 98 點以上，反映出市場對美元需求增加與供應減少的結果。這也導致美國出口價格在全球變得相對更高，出口增長受阻。當時不少企業主與出口商抱怨，美國商品在國際市場上變得「更難賣」，這與政府原本希望「刺激出口、重振製造業」的政策初衷相左。

為什麼會有這樣的錯位現象？關鍵在於關稅與匯率並不是兩個獨立運作的工具，它們本質上是在一個開放經濟體系中相互影響的兩個力量軸線。一方面，關稅改變了貿易流動，進而改變了資金流動；另一方面，匯率則是資金流動結果的價格反映。因此，當政府試圖同時透過關稅控制貿易與透過匯率壓低出口價格時，很容易出現「蹺蹺板效應」——一方抬高，另一方就被壓低。

更進一步說，若政府一方面強調關稅保護以壓低進口，一方面又要求央行干預匯率以壓低美元匯價，這可能導致政策訊號混亂甚至外界不信任。例如，如果市場認為政府試圖人為壓低美元，這會被視為「匯率操縱」，可能引來國際組織或貿易夥伴的指責與報復，反而使美國面臨更多談判壓力與不確定性。

此外，美元身為全球主要儲備貨幣，其匯率不僅受貿易與資金流影響，也深受市場對美國資產安全與投資報酬的預期所主導。若同時出現減稅與關稅保護、國債發行上升與海外資金流入等狀況，反而可能進一步推高美元。例如，在 2025 年美國高關稅政策實施之際，若外資仍大量購買美債、科技股與美元資產，則資金流入壓過貿易收縮對匯率的影響，美元不跌反升，出口壓力更大。

關稅與匯率政策若缺乏協調，極容易產生內部抵消，導致經濟效果打折。政府若希望同時透過高關稅來壓抑進口，又期待匯率貶值以推升出口，這在開放市場的現實中幾乎是難以兼得的。經濟學家常以蹺蹺板來形容這種關係：當關稅抬起「保護的槓桿」時，匯率卻可能朝著相反方向傾斜。這提醒我們，任何貿易政策的設計與實施，必須考量整體經濟體系中變數的聯動關係，否則看似強力的政策工具，很可能在無形之中抵消自己的效果，甚至適得其反。關稅從來不是單兵作戰的工具，它牽動的是整個經濟的氣候與節奏，誤判了匯率的方向，就像在海嘯來臨前築起了一道不穩的沙堤。

7.2 消費者與企業買單：關稅誰之賦？

總統在推動新一輪關稅政策時，常以「對外國的懲罰」作為主要論述。他強調，美國長年在貿易中受制於人，外國對美國商品課以重稅、補貼自家出口，導致美國工廠倒閉、工人失業，而高關稅正是「討回公道」的工具。然而，經濟學界與實證研究卻指出，這種說法與實際效應存在明顯落差。關稅雖然在稅收形式上是針對進口徵稅，看似向外國出口商收取，但最終真正「埋單」的，往往是美國境內的企業與消費者。關稅，在很大程度上其實是一種變相的「對內稅收」。

美中貿易戰提供了明確的實證案例。根據《美國國家經濟研究局》（NBER）的一項研究，2018 至 2019 年間美國對中國商品加徵關稅，這些關稅的成本完全轉嫁至美國國內，導致進口商品價格上升，並對消費者和進口商造成額外的財務負擔（Amiti, Redding & Weinstein, 2019）。這意味著，儘管關稅名義上是針對外國貨，但外國廠商未必願意降價吸收稅負，而是由美國的進口商支付進口稅，並將成本轉嫁至下游批發商、零售商與最終消費者。

這一成本轉嫁過程，對美國一般家庭產生了實質衝擊。進口商品價格上升，民眾日常生活開支隨之增加，尤其是低收入家庭對食物、服裝、家電等進口依賴度較高，受影響最為明顯。2018 年針對川普政府關稅政策的估算指出，關稅引致的商品漲價，平均每戶美國家庭一年額外負擔達到 800 至 1000 美元不等。這筆金額雖不足以改變消費結構，卻會壓縮其他支出與儲蓄，長期累積影響可觀。

對企業而言，關稅帶來的壓力則更加直接與沉重。許多美國企業的原材料、零部件甚至機械設備都依賴進口供應，尤其在全球供應鏈高度整合的背景下，哪怕是單一環節漲價，都可能對整體生產成本造成顯著影響。例如汽車製造業，在美國本土組裝的汽車中，有超過四成零件來自墨西哥、日本或中國。當這些零部件價格因關稅上升，整車生產成本自然水漲船高，迫使廠商選擇縮減利潤、推遲投資、甚至轉嫁成本至消費者。

這種現象在 2018 年對鋼鐵與鋁加徵關稅後特別明顯。當時美國政府以國安為由對全球鋼鋁加徵 232 條款關稅，鋼鐵關稅為 25%，鋁則為 10%。初衷是保護國內鋼鐵產業，避免其在全球低價競爭下崩潰。然而後果卻是用鋼產業的全面成本上升。根據美國汽車製造商協會的統計，僅 2018 年一年，汽車業因鋼鋁成本上漲而損失約 10 億美元。通用汽車與福特等車廠更公開表示，部分新車型將減少生產或延後投產，甚至關閉部分工廠。更有甚者，部分中小型製造商選擇將產線移往海外，以繞開美國本土的高價原料，形成「關稅反外移」的諷刺局面。

這些企業壓力在政策層面也有明顯反映。2019 年，美國共有超過 600 家企業聯名上書白宮，要求縮減或取消關稅。他們指出，高關稅不僅削弱了企業競爭力，也迫使公司縮編、裁員與推遲投資計畫。關稅短期內或許能讓鋼廠得以喘息，卻以犧牲下游數倍規模的製造業為代價。

這樣的負面效應並非孤例，早在理論層面，經濟學家就對關稅代價進行過深入探討。最經典的模型之一是哈伯格三角（Harberger Triangle），該模型指出，當政府對商品課徵關稅時，雖可獲得一筆稅收收入，但同時也會產生「無謂損失」（deadweight loss）。這部分損失源自於消費減少與貿易縮減，既非政府也非企業或消費者所獲，純粹是資源配置效率下降的體現。哈伯格指出，若市場本來是自由競爭的，任何形式的關稅都會令社會總福利下降。後來諾貝爾經濟學獎得主保羅· 克魯曼更進一步提出，全球化時代下，關稅的反作用不僅止於效率損失，還會扭曲產業配置與創新誘因，使得整體經濟潛力受限。

此外，若關稅對象為中間財（intermediate good，如鋼材、電子元件等），其傷害甚至可能擴散至整條產業鏈。一項由彼得森國際經濟研究所（PIIE）發表的研究指出，關稅若集中於中間財，不僅會拉高成本，更會使企業難以預測供應成本，影響其長期投資與布局。這會對經濟成長構成結構性抑制，比單純的價格波動影響更深遠。

更值得警惕的是，關稅在政治語言中往往被包裝成對外反擊的手段，卻掩蓋了其對內部結構的深遠牽動。在媒體或演説中，關稅被形容為「讓中國或墨西哥買單」，是一種美國不必自己出血的策略。但實際上，如前所述，進口商並非外國廠商，而是美國企業；而消費最終發生在美國家庭手中，這些加徵的成本正是由本國經濟承擔。關稅這把劍雖指向國外，卻有相當一部分是傷到了自己。

關稅並非無痛的武器，更不是外國獨吞的懲罰。它在市場上的真實運作效果，是一種由國內進口商先行吸收，並逐步轉嫁給消費者與下游產業的負擔。雖然在特定產業短期內可能帶來收益，但代價卻由整體經濟攤分，且影響具有持久性與結構性。當我們檢視一項政策是否「划算」，不應僅看它為誰創造了利益，更要看它對誰轉移了成本。

關稅的真相是，它不僅是對外宣示，也是一場對內再分配的試煉，無論從經濟還是政治的角度，都不容忽視其複雜的代價結構。

7.3 保護還是偏袒？市場與權力的悖論

特朗普總統在推動高關稅政策時，強調其核心目標是「讓美國重新強大」、「公平貿易而非自由貿易」以及「保護國內工人與產業」。同時，他也不斷強調希望減少政府管制、鬆綁規則、讓市場機制自我調節。然而，這兩套論述彼此之間其實存在明顯的張力：一方面主張自由市場，另一方面卻以關稅作為行政干預價格的手段，本質上違背了自由經濟學的核心邏輯。

自由市場的基本理念，在於價格由供需決定，政府應儘量避免干預，讓企業在公平競爭下自然調整。相對地，關稅則是一種對進口商品進行價格扭曲的手段，其目的是使外國商品在本土市場中失去價格優勢，進而促使消費者轉向本國產品。這種政策，本質上是一種政府直接介入市場定價機制的干預方式。從亞當· 斯密到哈耶克，再到現代的芝加哥學派，自由市場的提倡者始終認為這類「政策歪曲價格訊號」的作法，會破壞資源的有效配置，並鼓勵尋租與不公平競爭。

一項關稅政策要有效執行，並非簡單地設一個統一稅率那麼容易。實際上，它往往伴隨著一套極為複雜的商品分類、稅率細則與實施準則。例如，美國海關依據《協調稅則表》（Harmonized Tariff Schedule, HTS）對每項進口商品分類，細緻程度可以達到「鉚釘用碳鋼與不銹鋼的區分」、「不同規格電子元件之稅率差異」。這種細分類別本身就極易引發爭議與策略性規避——企業會嘗試重新分類商品、修改組件配方、調整零組件產地，以符合較低稅率的標準。

此外，在政策實施後，政府也需處理來自產業界的大量豁免申請與特殊待遇要求。這一過程極易成為遊說、尋租與政治運作的溫床。最著名的例子之一，便是2018年美國依據「232條款」對鋼鐵與鋁產品加徵關稅後的豁免申請風潮。根據美國商務部統計，僅在2018年3月關稅實施後短短一年內，政府就收到了超過 5萬份關稅豁免申請，其中約有 三分之一來自少數幾家大型企業。

據《華爾街日報》報導，許多獲得豁免的公司都有著強大的政治連結。例如，美國鋁業巨頭Alcoa提出多項關稅豁免申請，其中大部分成功通過，而與其競爭的中小企業則因人脈不足、資源有限而申請未果。這種選擇性「開恩」的機制，使政府處於「仲裁者」的角色，決定哪些企業需繳納高額關稅，哪些則可「倖免」。政府的介入越多，企業依賴政府的傾向就越強，原本應由市場競爭決定的產業優勢，逐漸轉化為政治關係與遊說實力的競賽。

這種環境會導致「尋租」（rent-seeking）現象日益嚴重，破壞了市場的正常競爭邏輯。企業不再將資源集中於提高效率或創新能力，而是投入大量資金進行遊說與策略性調整。例如根據「責任政治中心」（Center for Responsive Politics）統計，2018 年美中貿易戰升溫期間，美國製造業對國會的遊說支出高達 近 6 億美元，比前一年增加超過15%。其中一大部分正是用於影響關稅政策的設計與豁免制度。

更令人憂心的是，這樣的制度性不公會在市場中造成錯誤誘因與結構性扭曲。舉例來說，2018 年鋼鋁關稅的實施的確在短期內推高了國內鋼鐵價格，美國鋼廠如 U.S. Steel 與 Nucor 因而提升了產能並擴張員工數量。然而，同期使用鋼材的下游產業（如汽車、機械與建築業）卻普遍反映成本飆升。據美國汽車製造協會（Auto Alliance）指出，汽車製造成本因關稅上漲，平均每輛車增加約 350 美元成本，最終迫使企業減產、縮減營運規模。

有廠商甚至採取更激烈的方式因應：將生產線搬離美國本土以規避高關稅。美國戶外家具製造商 Keter Plastics 在 2020 年決定將部分產線從密西根州遷往墨西哥，主因就是無法承受美國本土塑膠原料價格上升與零組件進口加稅所帶來的雙重壓力。這些例子顯示，政府的關稅保護反而在某些情況下促進了資本外流與產業空洞化，與初衷南轅北轍。

更諷刺的是，總統在宣稱「讓市場決定資源配置」的同時，卻藉由關稅建立了一整套高度行政化、官僚化的干預機制：政府機構如商務部與貿易代表署需審核每一項產品的進口細節、企業的例外申請、以及報復性清單的設計與調整；國會也被迫參與關稅政策辯論，甚至動用立法手段調整關稅施行權限。這些繁複機制與高管制行政程序，與總統原先主張的「去規範化」路線形成明顯反差。

關稅政策雖可作為短期政治工具或貿易談判籌碼，但其施行過程往往需要大量制度性設計與個案處理，難以避免地演變成「由上而下」的權力運作系統。這不僅與自由市場精神背道而馳，也為不透明與不公平創造了溫床，損害市場競爭與社會公平。最終，我們看到的不是一個更強的市場，而是一個更加依賴政策裁量、效率下降、信任流失的體系。

這正是所謂「抽刀斷水水更流」的經濟悖論：原意是用關稅手段整治經濟失衡，卻因過度干預導致結構更扭曲、效率更低落，政策代價超過了實際收益。歷史一再提醒我們，在市場與政府之間尋求平衡，遠比口號與姿態來得困難。政策若失去一致性與透明性，便容易落入制度自相矛盾的困境，也讓本應促進公平與繁榮的工具，最終成為扭曲與偏袒的根源。

7.4 聚焦雙邊逆差：捨本逐末？

川普總統對於貿易逆差問題一向高度關注，尤其在對中國、墨西哥等國進行貿易談判時，雙邊貿易赤字的數字經常成為批評與政策介入的核心依據。在他看來，若美國從某個國家進口遠多於出口，就表示美國「吃虧了」，對方「剝削了」美國經濟與工人。然而，這種理解方式，在多數經濟學者眼中，其實過於簡化甚至可能誤導政策方向。因為貿易逆差的本質並非雙邊帳面赤字的加總，而是一個國家整體經濟結構與全球供應鏈運作的反映。

我們必須理解，現代商品的生產與流通早已不是單一國家完成所有環節的線性過程。以最常被總統提及的案例—— iPhone 為例，一台 iPhone 的「出口國」在貿易報表上是中國，但實際上中國主要負責的是最後的組裝，而其內部所使用的晶片、螢幕、記憶體模組等高價值零件，則來自日本、韓國、台灣與美國。

根據彼得森國際經濟研究所（PIIE）分析，一部 iPhone 在美國市場的零售價格約為 700 至 1000 美元之間，但其中中國實際增加的價值（即其 GDP 增加貢獻）僅約為 40 美元，佔比不到 5%。然而，根據傳統貿易統計方式，這整筆 700 ～ 1000 美元的進口額都被計入「美國自中國進口」，從而大幅膨脹了美中貿易逆差。若不計入這類全球分工產物的價值來源分布，雙邊貿易數字實際上無法反映誰真正獲得貿易利潤，更可能誤導政策制定者誤認為「中國奪走了美國的 700 美元」，實際上那是多國價值鏈共同貢獻的成果。

這類「產地標籤偏誤」（country-of-origin bias）廣泛存在於汽車、電子產品、家用電器等跨國整合產品中。比如一輛「墨西哥產」汽車實際上可能大量使用來自美國、德國與日本的零件；反之，美國出口的飛機也常含有來自歐洲或加拿大的組件。因此，過度執著於雙邊貿易赤字，不但無助於找出真正的貿易不平衡根源，更可能促使政府對錯誤的環節出手干預，例如強逼總裝廠搬回美國，卻忽略了上游供應鏈的整體效率與協同效益。

此外，特朗普總統談判時往往聚焦於貨物貿易的逆差，卻對美國在服務貿易方面的優勢視而不見。根據美國商務部數據，2023 年美國在全球服務貿易中實現了超過 2950 億美元的順差，其中對歐盟約為 640 億美元、對英國達到 420 億美元、對印度也有近 80 億美元。這些順差主要來自金融、資訊服務、教育、專利權與旅遊收入，是美國極具競爭力的領域。

特別是在數位經濟快速成長的今日，美國科技公司（如 Google、Microsoft、Meta）透過授權費、雲端服務、廣告平台等方式從全球收取巨額收入，這些並未反映在「商品出口」統計上。也因此，若只從雙邊貨物逆差來衡量貿易公平性，美國的結構性優勢不但被忽略，還可能造成誤導性政策——例如加徵關稅、限制進口、施壓匯率——而忽略提升服務出口環境與人才培育的真正競爭戰場。

那麼，若雙邊數字不可靠，我們應該關注什麼？答案是：總體貿易平衡，以及其背後的經濟結構。多數主流經濟學者強調，一國的貿易順差或逆差，並非單純由貿易政策決定，而是更深層的宏觀經濟因素的結果——特別是國民儲蓄與投資的差額。當美國國內儲蓄不足以支應其龐大的投資需求時，資金缺口自然需透過進口商品與資金流入來彌補。這也就是美國長期經常帳逆差的根本原因，而非中國或墨西哥單一國家的不公平貿易行為所能解釋。

具體數據顯示，，2023 年，美國的經常帳赤字約為 8,188 億美元，約佔 GDP 的 3.0%，反映出美國長期存在的儲蓄不足問題。當年個人儲蓄率僅約 3.8%，顯示美國家庭傾向高消費、低儲蓄；整體國內儲蓄率約為 17.8%，而私人投資佔 GDP 約 17.75%，兩者大致相抵，幾乎無法提供額外資金應對赤字。同時，2024 財年聯邦政府財政赤字達 1.83 兆美元，約占 GDP 的 6.4%，進一步拉低全國儲蓄水準。在這樣的條件下，即使與一國縮小雙邊逆差，總體逆差也可能轉移至其他貿易夥伴，並未真正消失。

事實上，美國與部分國家還存在顯著的雙邊順差。例如 2022 年，美國對荷蘭、比利時、英國、巴西與阿拉伯聯合大公國等國都有 10 億美元以上的順差，這些數字鮮少被總統或政界在談判中提及。相反，對中國超過 3,000 億美元的雙邊逆差卻被視為「戰略失衡」的象徵，儘管其中大部分正如前述，是全球供應鏈造成的技術性偏差，而非中國單方面的掠奪。

過度糾結於雙邊貿易赤字，不僅誤導了政策重點，也可能錯失真正有效的經濟調整方向。正如諾貝爾經濟學獎得主保羅· 克魯曼（Paul

Krugman）所言：「雙邊貿易逆差不值得一戰，因為它反映的只是國際貿易網絡的一部分邏輯，而非失衡的根源。」在制定貿易與產業政策時，若忽略整體經濟結構與全球供應鏈的邏輯，只看表面數字，不僅無助於縮減逆差，反而可能因錯判形勢而推動錯誤政策，加劇全球經濟摩擦與國內產業負擔。

真正穩健的策略，應該是提升美國的儲蓄能力、加強服務與高科技產業出口競爭力，以及建立公平透明的國際貿易規則，而不是將貿易逆差簡化為「誰佔了便宜」的政治口號。否則，在錯誤的數字迷霧中，我們很可能再度誤判形勢，重演歷史上屢見不鮮的貿易政策誤區。

7.5 經濟增長的隱憂

當 2024 年大選尚未舉行、川普是否重返白宮尚未明朗之際，耶魯大學的一項模擬研究卻已經對「解放日」關稅政策可能帶來的經濟後果提出了警告。這項研究運用了動態一般均衡模型（Dynamic General Equilibrium Model, DGE），從宏觀經濟的角度建構出一個假設性的政策情境，來預測若未來美國實施大規模關稅，對經濟增長、企業創新、貿易流動與整體社會福利所可能造成的長期衝擊。

或許有人會問：政策尚未實施、甚至尚未由特定總統主導立法，這樣的研究有何根據？事實上，在當代經濟學界，這類「反事實分析」

（counterfactual analysis）或「政策模擬研究」早已是制定公共政策前的標準程序。其意義並非在於預測誰將勝選或何時政策會落地，而是提供一個清晰的理論架構，分析「如果這項政策真的實施，會發生什麼事？」這樣的分析讓立法者、媒體、企業與民眾能夠超前理解政策風險，進而參與討論或做出調整。

而針對這次模擬研究的背景——也就是所謂的「解放日關稅政策」——其實來自於川普本人的多次公開言論。在 2023 年至 2024 年間，他反覆重申若再次上台，將推動「基準關稅」制度，對所有進口商品徵收 10% 的普遍關稅，並對特定國家如中國課以懲罰性關稅，最高甚至可達 60%。這不再是含糊其詞的口號，而是帶有具體數字與範圍的政策訊號，無疑足以構成經濟研究上的「政策假設基礎」。

耶魯的研究團隊據此設計出一個完整的模擬框架：假設美國自 2025 年起對進口商品平均加徵 30% 的關稅，並維持至少十年。同時納入另一個關鍵變數——他國的報復性關稅反應。這意味著美國的出口也將遭遇障礙，市場份額受限。研究的結果顯示，在這樣的政策設定下，美國的實質 GDP 年增速將平均下降約 0.4 個百分點，累積十年後，總產出將低於原本基準線（即不徵稅情境）約一兆美元。

這樣的損失看似不那麼劇烈，畢竟 0.4% 的年增長差異在新聞標題上不會特別醒目。但從經濟長期運作的角度來看，這樣的損失極為重大。它代表著國內投資與創新的動能放緩，民間資源配置效率下降，產業升級進程受阻，甚至對財政收入也將構成壓力。這不僅是經濟數字上的損益問題，更關係到國家在全球競爭格局中的長期地位。

模型中的損失傳導機制十分清晰。首先是進口商品價格上漲對消費者的直接衝擊，導致實質可支配所得下降，消費意願趨緩。其次，企業作為進口原料的主要使用者，其生產成本增加，利潤壓縮，使得資本支出與研發投入減少。接下來是出口的瓶頸：若他國實施對等報復，限制美國產品進入其市場，美國企業將難以實現規模經濟，尤其是高科技產業會受重創。這些企業的研發成本高昂，往往仰賴全球市場分攤風險與收回成本，一旦市場被分割，創新節奏便可能中斷。

模型還納入了總要素生產力（TFP）變動的因子。當企業在保護環境中競爭壓力降低，創新誘因減弱，整體經濟的生產效率也會緩慢下滑。這是一種結構性的損害，往往不容易在短期內被察覺，但會在十年、二十年後，以國際競爭力下降、產業落後等形式浮現出來。

值得一提的是，這份研究不僅模擬了 GDP 的變化，也對「政府財政」這一問題進行了反思。特朗普總統曾宣稱，關稅將帶來每日 20 億美元的新增財政收入，可用於基建、減稅、還債等多重用途。然而，模型顯示，雖然徵收關稅的確能增加一部分稅收，但其副作用也會使政府在其他項目上失血。企業與民眾的支出能力減弱，導致所得稅與銷售稅收下降，企業獲利減少也意味著公司稅收的縮水。若整體經濟增長受到抑制，政府財政反而可能陷入「表面賺錢、實際虧本」的困境。

這些結論反映出一種深層的結構性擔憂：關稅政策看似簡單直接，可以立即對「外國商品」施壓，但其影響卻不是單向的，而是會經由價格、成本、需求與報復機制層層傳導，最終回到國內，影響的是民眾的生活成本、企業的競爭力與國家的增長潛力。這也就是為什麼，儘管政策尚未正式實施，學界卻有責任提早構建出這樣的模型，為社會提供一套理性、可檢驗的分析工具。

在這樣的研究背後，耶魯學者們真正要提醒我們的不是單一數據，而是這樣一種思維方式：在一個高度互賴的全球經濟中，政策的後果不應只看短期或局部，更要看長期與系統性的回應。而關稅，正是這類政策中最容易被誤解、卻也最值得審慎對待的一種。當我們站在政策分岔口時，這樣的研究為我們照亮了未來可能的方向，讓選擇不再只是情緒或口號，而建立在對成本與結果有充分認識的基礎之上。

尤其值得注意的是，關稅對企業創新的間接打擊。當一個企業面臨激烈的全球競爭壓力時，提升效率、加快研發成為生存關鍵；而當市場被政策保護所包圍，這種壓力反而減輕，企業可能開始依賴政府而非創新來維持利潤。這在歷史上有過不少例證，例如 1970 年代美國汽車產業因保護而未能及時應對日本車廠的挑戰，導致在燃油效率與品質創新方面落後整整一代。保護短暫提供了喘息空間，但同時也抽離了改革的動力。

對高科技產業而言，這種負面效應更加敏感。科技研發需要巨額投入，而這些成本往往仰賴龐大的全球市場來分攤。美國企業如波音、蘋果、英偉達等，每年投入數以百億計美元進行新產品開發，背後支撐的正是廣泛的海外市場。以蘋果為例，2023 年其海外收入佔總營收超過 60%，而許多其出口的產品在價值鏈中也涉及跨國協作。當報復性關稅限制了這些企業進入他國市場，其銷售規模受限，回收研發成本的時間拉長，未來的創新投資便會減少。長遠來看，這將削弱美國科技產業的領導地位。

除此之外，當全球貿易環境變得不確定與零碎化，企業為應對不同市場的關稅壁壘，往往必須分拆供應鏈、重組生產流程。這不但增加了運營成本，也犧牲了原本因全球化而獲得的規模經濟與效率優勢。從宏觀角度來說，這是一種資源錯置（misallocation），即資本與勞力被導向那些受到保護卻效率較低的部門，而非真正具有創新潛能的產業。

耶魯大學的研究報告指出，儘管關稅政策在政治上可能獲得支持，但從長期經濟表現來看，其潛在代價超過了其短期收益。OECD、世界銀行等機構也在近年報告中重申類似觀點：若主要經濟體廣泛採用高關稅與貿易壁壘政策，全球 GDP 將平均減少 0.3 ～ 0.6 個百分點增長，而美國等高科技與出口導向經濟體受到的衝擊最大。

這些模型、歷史案例與結構邏輯，共同揭示了一個簡單卻重要的真理：關稅可能讓人「一時爽」，但難以為國家帶來可持續的繁榮。當我們以高牆圍住國內市場時，也可能無意中把創新、效率與未來競爭力關在了牆外。政策制定者若忽視這些深層代價，只求短期效果，最終將發現，那些曾經因保護而興奮的工廠，十年後仍舊站在同一個交叉口，面對的是更嚴峻的全球挑戰，卻少了過去曾賴以生存的那一份創新本能與市場自信。

7.6 新興產業與供應鏈：欲速則不達

美國政府在推動「解放日」關稅政策時，反覆強調其一大目標是要「培育國內的新興產業」，尤其是電動汽車、電池、太陽能板等被視為未來競爭戰略核心的綠色科技產業。從表面邏輯看來，這樣的主張並非沒有道理——高關稅可透過提升進口產品的價格，為國內企業創造一段相對安全的「保護期」，得以在沒有外國競爭壓力下壯大自身技術、產能與市場佔有率。這也呼應了經濟學中的「幼稚產業保護論」（Infant Industry Protection）。然而，現實世界中的產業發展極為複雜，特別是牽涉全球供應鏈的新能源與清潔能源產業，更不是靠一劑「猛藥」便能立時成長的。

首先，這些新興產業目前高度依賴國際供應鏈，不論是在技術、原料還是設備方面。以電動車電池為例，鋰電池的主要組成材料如鋰、鈷、鎳，多數並不產於美國，而是來自南美、中非或印尼，且多經由中國、韓國或日本的企業進行前段精煉與中游電池製造。根據彭博新能源財經（BNEF）的數據，截至2023年，中國掌握了全球超過80%的電池級鋰、鎳與鈷的冶煉能力，以及全球超過70%的鋰電池產能。

美國近年固然積極推動本土電池產業發展，並透過《降低通膨法案》（IRA）祭出大量補貼鼓勵企業設廠，但整體供應鏈尚未成熟，無法完全脫離亞洲的原料與零件供應。例如，美國最大電動車廠特斯拉雖已在德州建有自有電池產線，但其使用的關鍵材料，包括負極石墨、大部分隔膜與電解液，仍需從中國、韓國與日本進口。若突然加徵高額關稅，這些材料成本將飆升，可能迫使企業調高售價、延遲交貨甚至縮減生產。

不僅是電池，太陽能板也是一個典型例子。目前全球超過75%的太陽能電池片與模組來自中國，中國企業在矽晶片、矽錠與電池片等中上游環節有壓倒性優勢。美國雖已在亞利桑那與喬治亞等地啟動太陽能模組廠房計畫，但許多企業反映仍需從亞洲進口關鍵零組件。根據美國能源資訊署（EIA）2023年報告，美國當年超過65%的太陽能模組進口自亞洲地區，且進口模組價格平均仍低於本土製造。若此刻貿然提高關稅，不僅會拖慢太陽能電力建置進度，更會對達成碳中和目標造成嚴重阻礙。

此外，從產業建構角度來看，供應鏈的形成並非一蹴可幾。它需要數年的資本投資、人力訓練、基礎建設鋪設與上下游協調。若在供應鏈尚未建構完成前便以高關稅切斷現有的進口供應，只會讓企業陷入兩難。這種情況下，企業可能選擇縮減產量、延遲投資，或乾脆將部分生產遷出美國，以規避高價原料與供應風險。

以一間位於加州的電動車新創公司為例，2023 年該公司就曾向商務部反映，若無法繼續從韓國與日本穩定進口電池芯材與控制模組，其新一代車款將無法如期量產，甚至可能影響其在美國能源部貸款案的還款期程。這不是孤例。許多清潔能源企業的財務結構極為依賴「準時交付、準時佈建」的條件，只要供應端出現延遲或成本大漲，整個財務模型就可能崩盤。

更嚴重的是，這種短期政策波動所引發的「斷鏈風險」，會讓潛在投資人對美國產業政策的穩定性產生疑慮。產業不是只靠保護就能培育，更需要政策連貫性與投資可預期性。當政府頻繁以關稅作為產業工具，而不提供明確的配套措施（如原料自主化時間表、技術轉移路徑、替代供應來源支持），那麼企業就無法制定長期戰略，更難建立起健康的產業生態。

在學術界，這種「以關稅代替產業政策」的作法也備受批評。經濟學家如克魯格曼（Paul Krugman）與羅德里克（Dani Rodrik）皆指出，產業政策需要的是「精準干預」與「配套支持」，而非「普遍課稅」。關稅作為粗放型政策工具，缺乏差異化設計與精準扶持機制，往往無法辨識出真正具潛力的產業與企業，反而保護了一批效率低落、依賴補貼的既得利益者。

事實上，許多成功的產業政策案例都不是靠關稅起家。例如南韓的半導體政策在 1980 年代是透過國家技術引進與研發補助推進的，而非設立關稅壁壘。德國的再生能源發展則是靠長期價格保證（如固定收購電價）與補貼機制而非禁止進口外國設備。這些案例說明，產業升級的路徑需要規劃、耐心與制度創新，而不是一味設障、築牆。

將關稅視為推動清潔能源產業落地的萬能藥，既誇大其效，也忽視了產業成長的內在機理。新興產業如電池、光伏所需要的是穩定的原料來源、明確的發展路徑與可靠的市場預期，而非高牆與風險不明的斷鏈危機。若貿然啟動高關稅政策，不僅無法拔苗助長，反而可能壓斷尚在萌芽期的產業枝幹，使美國在全球能源轉型與產業競爭中錯失關鍵機會。政策的初心或許正當，但施行方式若失精準，不只未能達成目的，還可能走上反效果的道路。這是任何試圖用關稅作為產業加速器的決策者所必須深思的風險。

以上種種質疑勾勒出高關稅政策的內在不一致性和潛在代價：匯率、消費者利益、自由市場原則、長期增長、供應鏈安全等方面，都存在與政策目標相牴觸之處。經濟學界的主流觀點認為，高關稅並非良策，甚至可能「傷敵一千，自損八百」。當然，政府對此有其辯護，特別是援引國家安全理由，我們下一章就來探討這點。

第 8 章

「國家安全」旗號下的關稅合理性？

為了給關稅政策增添正當性，特朗普總統動用了《1962 年貿易擴展法》第 232 條，稱進口威脅國家安全。這在過去很少見，傳統上國家安全指軍事防務，如今卻被擴展到經濟範疇。本章將討論「國家安全關稅」的理據和現實效果。

8.1 經濟安全即國家安全？

當今美國總統推動高關稅政策時，往往不僅以經濟效益作為論據，更將其包裝為一場攸關「國家安全」的戰略行動。他在多次公開演講中提出：「經濟安全就是國家安全」，並以此論點將鋼鐵、鋁等重工業列為戰略物資，要求國家對其給予特別保護。這種思維的核心在於

——一個國家若無法在危機或戰爭時期自給關鍵工業原料，就可能在國際衝突中陷入被動，甚至喪失防衛與生產的能力。

鋼鐵與鋁在軍事上的確有其關鍵地位。從軍艦、坦克、飛機到導彈發射系統，幾乎所有重型軍事裝備都依賴高強度鋼材與特種鋁合金。即使美軍在和平時期每年所用鋼鐵僅佔美國全年鋼產總量的約 3%，但在特朗普總統看來，戰時需求具有突發性與倍增性。一旦全球供應鏈中斷，或者美國本土鋼鐵業早已凋零，軍工系統將無從快速獲取可靠的金屬材料，這就形同將國家安全的命脈交到外國手中。

從歷史來看，這種「備戰思維」並非毫無根據。二戰期間，美國之所以能快速轉型為「民主兵工廠」，很大程度上得益於當時本土強大的鋼鐵與造船業基礎。數千艘戰艦、上萬輛坦克與飛機迅速量產，並非從零起步，而是建立在已有的工業能力之上。今日的總統正是援引這樣的歷史背景，試圖讓國民認識到即使平時某些產業看似不再有優勢，其存在本身就是一種國力的後盾。

然而，支持這項戰略關稅政策的，不只是歷史記憶與愛國情感。現實經濟中的確存在結構性問題。中國的鋼鐵與鋁產能過剩早已是全球公認的問題。在中國國內需求放緩的背景下，許多鋼企仍在地方補貼與國營背景支持下不計盈虧持續生產，並將大量過剩鋼材傾銷至海外市場。這些產品以極低價格在國際市場競爭，使得歐美、日本等地的鋼鐵業者深受其害。美國鋼鐵業協會（AISI）數據顯示，自 2000 年以來，美國已有超過 40 家鋼廠關閉或破產，數十萬相關產業就業機會流失。

特朗普總統正是在這樣的背景下，將「中國產能過剩」問題視為一種戰略威脅。在他眼中，中國不僅是在打價格戰，更是在試圖主導全球基礎工業體系。若未加干預，全球鋼市將逐漸由中國主導，一旦某日中國決定限制出口或操控供應，美國將喪失談判籌碼與自我保障能力。

這樣的邏輯不無吸引力。畢竟，鋼鐵與鋁不像微處理器、軟體或金融服務那樣，容易在短時間內遷移產地或建立替代供應鏈。建設一座現代化鋼廠需十年之久、投資金額以數十億美元計，而且對能源、水資源與環保標準要求極高，並非隨意可恢復之產能。因此，當特朗普總統強調「不能讓鋼鐵業一旦倒下就永不復生」時，實際上是在呼籲對戰略產能的「留根」政策。

他強調，高關稅雖然在短期會提高鋼鋁價格，但這筆成本應被視為「保險費」：保的是國防動員能力，保的是製造業剩餘基礎，保的是長遠國家主權的自給能力。在他的敘事中，這不僅是一項經濟政策，更是一場國運選擇。

然而，這樣的主張也受到不少經濟學家的質疑。他們指出，戰略儲備與產業補貼固然重要，但全面關稅保護往往效果有限且代價高昂。例如，2018 年川普首次對鋼鋁加徵關稅後，美國鋼鐵價格一度比全球市場高出 25% 以上，使得汽車、建築與機械製造等下游產業成本上升，反而迫使一些公司外遷。此舉或許保護了鋼廠，但卻損害了使用鋼材的更大產業群，最終導致淨就業效果不明顯甚至為負。

此外，也有安全政策專家指出，若真有戰時急需，政府可透過「國防生產法」直接徵用或重啟特定產線，而不必在和平時期以全面高關稅的方式長期保護整個產業。更務實的作法應是建立必要儲備、提供針對性的研發與升級補貼，而非試圖恢復整個 20 世紀型態的大規模鋼鐵生產體系。

特朗普總統將鋼鐵與鋁上升為戰略資產的政策雖具有道德正當性與歷史情感基礎，但其成效如何，關鍵仍在實施細節。保護產業與壯大產業是兩回事，若僅僅透過關稅將外國競爭排除，而未同時推進產業升級、效率提升與環保轉型，那麼即使本土鋼廠暫時免於淘汰，也難以真正恢復國際競爭力。經濟安全的確是國家安全的一部分，但這份安全若無效率、創新與永續的支撐，恐怕只是短暫的幻影，難以應對 21 世紀真正的戰略挑戰。

8.2 理論上的正當性

從理論層面來看，「經濟安全即國家安全」的觀點早已滲入當代地緣政治與戰略經濟學的核心。戰略資源與技術是否掌握在自己手中，不僅關係到經濟發展與產業升級的主導權，更牽涉到一國在外交、國防乃至全球競爭格局中的談判能力與自主性。尤其是在技術快速演進、供應鏈高度全球化的時代，任何一個高度依賴外部的環節都可能成為潛在風險點，一旦地緣局勢惡化、疫情爆發或貿易摩擦升級，這些環節就可能迅速轉化為國安危機。

以半導體產業為例，這是當今被視為「科技冷戰」核心戰場的產業之一。美國政府已多次明確表示，無法接受在此類尖端技術上過度依賴如中國等潛在戰略對手。這一立場不僅體現在對華為、中興等企業的出口管制上，也具體延伸至對美國本土供應鏈的重建與「去風險化」。2022 年通過的《晶片與科學法案》（CHIPS and Science Act）便是一個具體實例，該法案撥款超過 500 億美元，用於鼓勵半導體企業在美國建廠、研發與量產。台積電、英特爾、三星等企業都因此宣布在美國亞利桑那州與德州建立先進晶圓廠。美國政府的邏輯是，若在未來的地緣衝突或戰略對峙中失去先進製程晶片的掌控，美國整體的軍事、人工智慧與高端製造將嚴重受限。

除了半導體，通訊科技亦是近年國安考量下的焦點。2019 年起，美國以國家安全為由，限制華為、中興等中國企業參與本國 5G 建設，並呼籲盟國一同封鎖「潛在風險供應商」。當時引發國際間熱烈討論：這是否只是經濟保護主義的偽裝？但隨著美歐情報部門指出供應鏈中可能出現「後門」與數據外洩風險，越來越多國家接受了這種「科技即安全」的邏輯。例如英國在 2020 年決定逐步移除國內電信網路中所有華為設備，而歐盟亦發布《5G 工具箱》強化供應鏈審查機制。

新冠疫情的全球衝擊更是為「經濟安全與國家安全掛鉤」提供了強力實證。疫情初期，美國遭遇了空前的個人防護設備（PPE）短缺危機。包括口罩、手套、防護衣等產品因過度依賴中國與東南亞生產，一旦出口受限或運輸受阻，美國國內醫療體系即陷入困境。2020 年 4 月，聯邦應急管理署（FEMA）不得不動用《國防生產法》，強制部分企業轉產 N95 口罩與呼吸器，以填補供需缺口。

這場危機凸顯了一點：供應鏈全球化雖然提升了效率，卻也在無形中削弱了危機下的自主應變能力。同樣的問題也出現在藥品領域。根據美國食品藥品監督管理局（FDA）的資料，美國近 80% 的活性藥物成分（API）來自海外，尤其集中於中國與印度。2020 年疫情最嚴重時，印度曾短暫限制逾 20 種藥品出口，讓美國進一步意識到：即使是最基本的抗生素與退燒藥，也有可能在緊急時刻出現缺口。這使得白宮與國會紛紛支持將醫療物資與藥品納入戰略儲備與國產化推動清單。

在能源轉型的背景下，電動車與再生能源產業也逐漸被納入戰略關注。2023 年，美國能源部將鋰、鎳、稀土等用於電池與磁材的元素列為「關鍵礦產資源」，並宣示將投入資金發展本土礦產與加工能力，減少對中國等國的依賴。這背後的考慮也與半導體一致：一旦關鍵技術或資源受制於人，美國將在戰略上處於下風。更何況，如今的軍事系統早已不再只是鋼鐵與火藥的比拚，而是比拚晶片效能、AI 判斷與網路通訊安全的綜合體。

在經濟學與戰略學交匯的領域，越來越多研究呼籲重視「供應鏈韌性」而非單一「效率最優」。耶魯、哈佛、MIT 等學者提出，若僅依賴全球最便宜的供應來源，一旦遭遇黑天鵝事件（如瘟疫、戰爭、外交斷裂），其社會代價將遠高於短期節省的生產成本。經濟政策不僅是 GDP 與失業率的數學問題，更是關乎國家持久穩定與自主性的地緣選擇。

美國將關稅、投資補貼與產業政策納入國家安全框架，絕非毫無道理的舉措。這些措施反映了一種「後疫情時代的供應鏈現實主義」，也代表著國家對於控制核心技術與資源的重新覺醒。雖然這樣的政策可能會犧牲短期經濟效率，但從長遠來看，它們是為了在下一場不可預測的全球危機來臨之前，為美國自身打造一道更厚實的防線。而這條防線，不只是軍事的，也包括了技術、產業與經濟韌性的全面保護。

8.3 實際效果評估

當前美國以「國家安全」為由實施的關稅政策，表面上似乎有其戰略考量，但實際操作過程與後果卻顯示了多層次的失衡與代價。從產業回報、國際外交、制度規範、乃至經濟效率，每一面向都揭示了這種政策路線的深層風險。

產量與就業效果有限：上游短利，整體失衡

自 2018 年實施 232 鋼鋁關稅以來，美國政府宣稱藉此保護國內產業、提振就業與增強戰備生產能力。然而，實際數據顯示成果遠不如預期。根據美國鋼鐵協會（AISI）與勞工統計局（BLS）資料，鋼鐵產量於政策初期略有回升，從 2017 年的約 8160 萬短噸增至 2019 年的 8780 萬短噸，但之後即因市場波動與疫情影響回落至 2023 年的 8000 萬短噸。整體波動幅度微弱，尚不足以證明產業回春。

就業方面，儘管政策目標為創造數萬高薪藍領工作，但根據 2023 年政府報告，鋼鐵與鋁業新增就業僅約 7000 人。與此同時，因鋼鋁價格上漲，汽車、家電、建築等下游製造業成本普遍上升 5% - 12%，大量中小企業縮減開支或延後擴張，估計流失就業達數萬人之譜。摩根大通與 PIIE 均指出，此政策造成的產業失衡，實際上是一種典型的「上游得利、全局吃虧」情形。

例如，美國最大車廠之一通用汽車（GM）於 2019 年表示，鋼價上升已迫使公司重新調整零件成本結構，導致部分工廠減產；家電大廠惠而浦亦指出，關稅加價影響利潤預測，連帶縮減內部用人規模。

換言之，短期保護的「產量回升」並未轉化為穩健的產業升級與系統性成長，反而掏空了整體製造業的競爭力。

盟友受創，外交合作能力削弱

雖然美國以「國安考量」為由展開關稅保護，初衷或為防堵中方產能過剩與補貼傾銷，但政策執行並未嚴格區分敵我，將加拿大、歐盟、日本等核心盟友一併納入打擊範圍。此舉令傳統夥伴關係遭遇嚴重衝擊，直接損害了美國推動國際經濟同盟的領導正當性。

加拿大作為美國軍工供應鏈重要夥伴，長年提供飛機鋁材、精煉鋼材等戰略物資，卻被課徵重稅，引發強烈不滿並啟動報復關稅清單，涉及超過 165 億加幣的美國農產、民用品與電器品項。此舉不僅導致雙邊關係惡化，還衝擊了農業州對聯邦貿易政策的支持基礎。

歐盟方面亦對此表達「盟友被當作敵人」的失望，2021 年正式對美提交 WTO 仲裁申訴，並採取部分反制措施。德國、法國等國認為美國應透過協商與共同應對中方市場扭曲，而非單邊懲罰式課稅。

最嚴重的後果在於：美國損害了組織「反中國經濟同盟」的合作基礎。在亞洲與歐洲皆對華經濟依賴程度高的情況下，若美國未能展現尊重盟友利益的合作誠意，將難以形成可信的供應鏈重組或技術封鎖聯盟。由此來看，「敵友不分」的國安關稅策略，不僅未能凝聚陣營，反而加劇孤立。

國際貿易規則受侵蝕——多邊秩序動搖

長期以來，國際貿易體系賴以維繫的便是《世界貿易組織》（WTO）

所確立的可預測、透明與基於規則的機制。其中，WTO 第 21 條容許在國安緊急狀況下可採取特例措施，然而各國一向謹慎使用此條款，視其為不得已之舉。

而美國以國安為名實施廣泛關稅，且未提供具體證據證明存在「即時或實質國安風險」，便被視為濫用例外條款的開端。

2022 年 12 月，WTO 爭端解決機構正式裁定，美國對鋼鋁加徵關稅違反 WTO 規定，並認定未能合理證明其關稅屬「緊急安全情況」的例外。雖美方拒絕接受該裁決，主張國安主權高於 WTO 裁量權，但這無疑打破了國際秩序長年積累的互信。

更為嚴重的是，美國開此先例後，印度、俄羅斯、土耳其等國紛紛援引「國安」為名，對自選項目課徵報復性關稅。這類操作不僅使原有爭端機制失效，還加劇貿易紛爭政治化，破壞原有以經濟效率與市場導向為核心的自由貿易秩序。

對於以 WTO 為主軸建構其貿易霸權的美國而言，這樣的自我削弱極不尋常。

若此趨勢擴大，未來美國企業在海外將面臨更多以「對等國安」名義設置的壁壘與歧視性審查，長遠來看反成了自己倡導秩序的受害者。

違反比較優勢，抑制潛能成長

國家若全面將生產鏈內化以確保安全，在高風險產業如半導體、AI

晶片等也許有其合理性，但若擴及大量民生或中階製造產業，便會迅速衍生嚴重的資源錯配與效率損耗。

經濟學家克魯曼（Paul Krugman）曾警告：「若以國安為名，將所有生產環節回流，將導致經濟效率顯著下降，潛在成長率受損。」根據 IMF 模型，若國家大規模實施自給生產，GDP 潛在增長率每年可能下降 0.3 – 0.5 個百分點。這對以技術與資本密集產業為主的美國尤為不利，因為高薪勞力與嚴格法規本就不利於勞力密集產業回流。

以太陽能產業為例，美國若強行國產化整個模組與電池生產線，根據美國太陽能產業協會（SEIA）估算，單位裝置成本將提高 40% 以上，並減緩綠能佈建進度至少兩年。同樣地，家電、汽車零件等若一律「Made in USA」，將導致消費者價格上漲、需求收縮，終致整體投資意願下滑。

這類政策不但難以打造真正具競爭力的製造體系，還可能犧牲原本具全球優勢的高附加價值產業資源配置空間，如金融、軟體、醫療與創新科技等。捨高就低的結果，終將導致整體經濟潛能降低，國安反而未得其利。

美國以國家安全為名的關稅政策雖有戰略初衷，但其實際效果多有失準，並產生了巨大的外部成本與內部代價。短期內可能讓特定產業受惠，長期則可能導致效率損耗、國際規則崩解、外交孤立與潛能經濟衰退。國安本是國策核心，但若無節制擴大，將淪為政治工具，最終傷害的將是國家自身的安全與繁榮。

未來在制訂關鍵產業政策時，美國需更審慎區分「哪些是真正無法外包的安全關鍵」，哪些只是傳統工業轉型的陣痛。關稅只是工具，真正有效的政策需包括技術升級、人才培育、創新誘因與國際夥伴關係重建。否則，國安之名終將成為經濟政策失靈的遮羞布，而非真正保護國家的盾牌。

8.4 國家安全概念的演變

在當代全球化與地緣政治風險並存的背景下，「國家安全」這一概念早已突破傳統的軍事邊界，延伸至經濟、科技、供應鏈、網絡空間等多個層面。這種擴張本身並非無理，它是時代演變、威脅形式轉變的自然結果。尤其對如美國這樣的全球領導國而言，其國家安全的維度勢必更為廣泛與複雜。

從傳統理論角度觀察，經濟安全納入國家安全框架並非新鮮事。早在冷戰時期，西方國家便藉由「出口管制制度」（如美國的 CoCom）限制戰略性技術與物資出口至蘇聯陣營，防止「敵對勢力」獲取可用於軍事用途的科技產品。這些措施本質上便是一種經濟介入，目的在於維持技術優勢與體系主導權，並強化同盟內部的合作。此例已可見，當技術具備潛在軍事用途或可能影響關鍵基礎設施時，經濟政策即具有戰略意義。

當代學術界也普遍接受這樣的擴張性觀點。國際關係學者 Barry Buzan 於其《People, States and Fear》中便提出「擴展的安全觀」（expanded security agenda），將安全劃分為軍事、政治、經濟、社會與環境五個維度，認為現代國家不再能以傳統安全思維面對新型威脅。Buzan 強調：安全威脅本質上來自於不穩定性對國家主體核心利益的損害，不論這種威脅是否以軍事形式出現。

根據這一脈絡，美國近年將供應鏈韌性列入其國家安全戰略，實屬合理演進。2021 年拜登政府發表《供應鏈檢討報告》，明確將稀土材料、半導體、電動車電池與藥品列為「戰略供應鏈」，並指出美國長期過度依賴中國、台灣、印度等地，一旦發生地緣衝突或疫情封鎖，將嚴重影響國防與關鍵民生領域的穩定。因此，政策開始轉向重建「必要自主產能」，並鼓勵夥伴國參與去風險化布局。

然而，這類政策在理論上雖有依據，但實務運作中的「分寸」掌握卻成了關鍵問題。哪些產業真正牽涉國安？哪些只是基於經濟壓力與選舉考量被政治化包裝為安全議題？這需要嚴謹分析、透明標準與科學依據，而非泛泛以「國安」之名四處設限。

經濟學傳統理論對此其實提供了重要衡量框架。根據「比較優勢」與「機會成本」的理論，若一國投入大量資源於相對效率較低的產業，將導致資源錯置、潛在增長率下降。這就要求政府在介入時必須有「限度的安全補貼」，也就是能夠量化其成本—效益。若為了保住某一產業而導致消費者物價大幅上升、產業鏈斷裂或人才外流，則可能得不償失。

舉例來說，美國針對半導體與 AI 晶片的限制與補貼政策，多數學者仍認為有其正當性。因為這些產業不僅決定著軍事科技的最終能力，更是未來經濟主導權與話語權的關鍵所在。美國若失去對先進製程的掌控，恐將長期喪失在全球戰略競爭中的主導地位。這種介入屬於「以長期安全穩定為核心」的預防性經濟策略，儘管有成本，但其結構性必要性可以論證。

然而，當國家開始將關稅保護延伸至廣泛工業製品，甚至波及洗衣機、家電、鋼鋁、光伏模組等日用品時，學界與政策界便出現明顯爭議。批評者認為，特朗普總統濫用「國安」名義，將幾乎所有與中國、墨西哥、加拿大、歐盟的貿易摩擦都定性為戰略衝突，已偏離了「真實風險與代價匹配」的基本原則。

這種濫用不僅削弱政策說服力，更可能產生一種「安全膨脹通貨」的現象：當每一政策都掛上國安標籤，真正重要的議題如晶片、能源基礎建設反而容易被模糊或遭到反彈。最終造成資源配置錯亂、社會信任流失，政策效應適得其反。

換言之，「國家安全」作為政策依據需具備兩個條件：一是具體可辨的風險與依賴脆弱性證據；二是配套的成本效益分析與退場機制。

這樣才能建立起可信且具可持續性的安全經濟體系。

將經濟與安全掛鉤並非違反經濟理性，反而是當代戰略格局下的必然選擇。但前提是要有嚴格邏輯與透明標準。若僅將「國安」當作貿易保護主義的萬能口號，不僅失去理論正當性，也將在國內外政策操作中遭遇信任危機。對一個領導全球秩序的國家而言，最致命的風險，往往不在外敵，而在濫用自身制定規則的權力，並誤導社會對「安全」的真正理解與應對方式。

「國家安全關稅」為政策提供了某種正當性，強調經濟自主和戰略風險防範。但實踐結果顯示，效果有限且副作用不少，包括損害盟友關係和違反國際規範。安全是一把雙刃劍，作為理由應慎用，以免成為貿易保護的擋箭牌。對特朗普總統關稅新政以安全為幌子的指責不絕於耳，這也説明取信於國際和國內仍有挑戰。回到政策本身，我們需要最後探討的一點是：數據與事實在這場辯論中是如何被運用或扭曲的。

第 9 章

「國家安全」旗號下的關稅合理性？

公共政策的辯論中，數據往往是利器。然而，數據也可能被選擇性使用甚至誇大，成為宣傳工具。特朗普總統在推銷關稅政策時，多次拋出亮眼數字，如每日 20 億美元收入、70 國求和談判等等。我們有必要審視這些說法的可信度，以及其中可能存在的偏差。

9.1 每日 20 億美元：缺乏透明的估算

如前章所述，特朗普總統聲稱關稅每日進帳 20 億美元，但他並未公開計算方法或依據。缺乏透明度使外界無從驗證，也給人誇大之嫌。一個負責任的數據發布至少應說明基礎假設，例如進口額預估、彈性參數等。特朗普總統的數據因來源不明而大打折扣，這提醒我們，解讀政客數據要留意其背後是否有紮實支持，還是僅僅信口開河。

選擇性呈現：報喜不報憂

政治宣傳常用手法是只強調對己有利的數字，忽略負面信息。以關稅為例，政府高調宣布了新增關稅收入，卻較少談及因進口下降而損失的關稅（例如原本正常進口也繳的稅），又或關稅導致物價上升的隱性成本。再如，政府宣稱已有數十國找美國要求談判新協議，暗示對方屈服。然而真相可能是，很多國家洽談是為避免受波及而非認輸。甚至有的國家只是尋求臨時豁免，談不攏就實施報復了。片面羅列有利數據，而不提相關聯的不利後果，是一種偏見。讀者需訓練自己，聽到一個大數字時，問問「還有什麼相關數據被省略了？」

簡化因果：錯誤歸因的風險

特朗普總統的講話傾向把關稅收入增加直接等同於經濟好轉。實際上兩者間並無直接因果——關稅只是錢從民間進了國庫，不代表整體財富增加。他還暗示，關稅收入可以填平財政赤字、還清國債等，這更是誇大。就算真有 7300 億／年關稅收入（實際上沒有），也只夠抵消當年赤字一半，國債存量則高達 30 兆美元，是九牛一毛。將複雜問題簡單歸功於單一數據，可能誤導公眾以為靈丹妙藥在握，而忽視問題結構性的一面。

政治化的數據：服務於議程

在競選和施政中，政客選取和發布數據難免有其政治目的。比如，高喊每天 20 億美元，既可為政策造勢，又暗示自己有解決財赤的能力，可謂一舉兩得。而對於關稅導致的物價上漲、農民受損等數據，政府往往輕描淡寫甚至質疑其可靠性（即使來自獨立機構）。這反映了數據使用的雙重標準：有利的就大肆宣揚，不利的就抹黑忽略。作為讀者，需要練就辨別數據真偽和完整性的本領，不被單方面宣傳牽著鼻子走。

如何透視數據迷霧？

尋求獨立來源：對於官方數據，找找是否有第三方研究機構的分析。比如美國國會預算辦公室、各大智庫通常會對政府經濟政策出具評估報告，可交叉參照。

要關注長期趨勢，不要只看宣佈後一兩個月的變化，那可能有雜訊或短期行為扭曲。看長一點，例如一年後進出口總額如何，經通脹調整後實際薪資如何，才能判斷政策效應。

核算全局影響：要求完整的成本收益分析。例如，政府多收了多少關稅，同期物價漲了多少、GDP 少增了多少，把這些加減後淨效益如何。若官方未提供，那可能是淨效益不理想所以避而不談。

這樣，我們才能撥開宣傳迷霧，看清政策的真實效果。

特朗普總統在為關稅政策辯護時頻繁拋出亮眼數字，但其中不少缺乏透明支持，有選擇性偏頗之嫌。在解讀此類數據時應保持警惕，培養批判性思維。最重要的是，以全面的觀點和獨立的資料來驗證官方說法，以免被片面資訊誤導。畢竟，政策效果最終要以現實經濟績效來檢驗，而不是幾句口號或一串剪裁過的數字。

關稅的重生，代價與幻象

2025 年美國的新一輪關稅政策，在一片政治鼓動與選舉聲浪中，以「解放日」之名重啟了保護主義的引擎。特朗普總統將此定位為美國重掌經濟主導權的轉捩點，強調要讓國家「重新富起來」，讓產業回流、就業增加、對外貿易重新平衡。然而，透過本書深入的分析與歷史回顧，讀者可發現：關稅雖是一項古老且經常被重複使用的政策工具，但它的作用邏輯與結果遠比政治口號來得複雜，也更具風險。

在特朗普總統的論述中，關稅被描繪成萬靈丹：既可懲罰不公平貿易、收回財政收入，又能復興製造業與保障國安。這些主張在表面上符合直覺，也迎合了選民的情緒——尤其在失業率升高、地緣對抗加劇、供應鏈中斷頻發的時代背景下。當民眾感覺「全球化讓我們吃虧」、「中國崛起威脅我國產業」時，一道關稅看似是最直接、最有力的回應。

但問題也在於這種「簡化邏輯」的誘惑性。

9.2 關稅可以創造繁榮嗎？

回顧歷史，美國確實曾利用高關稅政策推動本國工業化。從 19 世紀的《麥金萊關稅法》到 20 世紀初期的《斯穆特 - 霍利關稅法》，關稅政策曾是保護美國幼稚產業的一項重要工具。然而，歷史同樣提供了警示：當關稅被過度依賴、甚至視為解決經濟危機的萬靈藥，其代價往往極為高昂。1930 年通過的《斯穆特 - 霍利關稅法》即是一個典型例子。當時美國面臨經濟下滑，國會試圖以提高進口稅保護本國就業，卻引發多國報復性關稅，最終造成全球貿易量大幅萎縮，進一步加劇了大蕭條的國際擴散。諾貝爾經濟學獎得主保羅· 克魯曼（Paul Krugman，保羅· 克魯曼）曾指出，這場關稅戰「象徵著經濟民族主義的失敗，也是全球合作機制未能及時建立的代價」。

2025 年的「解放日」關稅行動，雖政治上聲勢浩大，實際上卻重演了類似的風險。根據彼得森國際經濟研究所（Peterson Institute for International Economics, PIIE）發布的初步分析，美國對特定亞洲國家與歐盟商品徵收新一輪關稅後，國內受到波及的消費品平均價格上升了 3.8%，而且低收入家庭承受的壓力最大。正如哈佛大學經濟學家 Jason Furman（傑森· 弗爾曼）所言：「關稅是一種不分貧富的稅，但實際上對貧者而言是沉重的負擔。」

企業層面也未能從中獲得預期利益。多數製造商被迫更換供應商、重建物流流程，導致生產成本上升與供應鏈混亂。不少企業反映，為因應新關稅，平均交貨期延長了 15% 至 30%，原料品質與穩定性亦顯著下降，影響整體營運與對未來投資的信心。

此外，美國出口也受到報復性關稅打擊。中國、歐盟、墨西哥與印度等主要貿易夥伴迅速反制，針對農產品、航空器材、汽車與精密機械等高值出口品加以課稅。美國農民再次陷入銷售困境，農業補貼費用大幅飆升，對聯邦預算造成壓力。

根據彼得森國際經濟研究所（PIIE）和國際糧食政策研究所（IFPRI）的研究，2025 年美中貿易戰升級導致中國對美國農產品加徵高額關稅，特別是對大豆和玉米。

模擬結果顯示，美國油籽（主要是大豆）出口可能下降近 39%，而中國的油籽進口則減少約 8.2% 。此外，美國農業出口總值在 2018 至 2019 年間因報復性關稅而損失約 272 億美元，其中大豆出口下降 77%，玉米下降 88% 。

最具爭議的仍是關稅對就業的淨影響。儘管鋼鐵與鋁業新增了約 1.5 萬個職位，但根據彼得森研究所模型估算，相關下游產業如汽車製造、家電、建築等，因成本上升與出口受阻，共流失了超過 24 萬個工作機會。該研究所的前主席 Adam Posen（亞當· 波森）明言：「每增加一個鋼鐵工作，平均損失多達 16 個其他工作，這絕非值得的交換。」

在高度全球化與供應鏈緊密整合的現代經濟中，關稅的效果往往偏離經濟模型中的預測，不但難以有效保護國內產業，反而引發一連串連鎖副作用。克魯曼曾警告：「政策制定者若僅憑舊思維與政治衝動，將經濟武器化，後果可能不亞於 1930 年代的錯誤重演。」這番話，對於當下的美國政策環境而言，無疑是一記警鐘。

9.3「國家安全」的邊界模糊與濫用風險

2025 年美國實施的新一輪關税政策，與過去歷次貿易保護行動的最大差異，在於其敘事重心已從「經濟理性」轉向「國家安全」。這不僅是策略語言的改變，更標誌著政策正當性的重新定位。當政府不再以就業、產能或貿易逆差作為關税依據，而是聲稱為了避免戰時供應斷鏈、捍衛國防自主、確保國內關鍵技術可得性時，我們實際上面對的是一種國安邏輯的擴張化。這種包裝方式極具政治號召力，卻也潛藏著一系列制度與信任風險。

確實，將「經濟安全視為國家安全」的概念並非毫無理論基礎。從冷戰時期的戰略物資儲備，到新冠疫情期間全球口罩與藥品供應中斷，歷史不乏警示我們維持自給自足能力的重要性。哈佛大學政治學者格雷厄姆· 艾利森（Graham Allison）便曾在其「修昔底德陷阱」理論中指出，技術主導權與戰略物資控制力是大國競爭的核心變數之一。在此脈絡下，確保半導體、稀土、軍工鋼鐵與能源儲備等產業鏈的安全，自有其合理性。

然而，當國家安全邏輯被過度延伸、套用於幾乎所有外貿領域時，其原初的邏輯性與説服力便會遭到侵蝕。2025 年「解放日」關税行動波及範圍廣泛，涵蓋鋼鐵、鋁、光伏板、電池、甚至部分通用機械零件與電子消費品。這樣的「安全清單」顯得過於寬泛，幾乎將一切進口都包裝為潛在的國防風險，使真正具有戰略意義的產業反而被淹沒於安全敘事的洪流之中。

在外交層面，這種國安主導的關稅政策也對美國的盟友關係造成實質損害。以加拿大為例，其出口鋼鋁多年來被視為美國戰略供應網的一部分，卻仍在此次關稅中遭受波及，引發雙邊摩擦。歐盟與日本亦表達強烈不滿，質疑美國將「國安」作為經濟保護主義的幌子。事實上，美國在 2024 年已多次拒絕世界貿易組織（WTO）對其關稅政策的裁決，主張國家安全不可受國際機構審查。這一舉動無異於為他國開啟了仿效之門，讓原本建立於制度信任與透明治理的多邊貿易秩序面臨嚴重侵蝕。

更令人擔憂的是，「安全」作為政策正當性的無限擴張詞彙，容易成為迴避政治與經濟問責的工具。當任何關稅、產業補貼或市場管制皆可援引「國安」為由，民主監督機制便難以有效審視其真實動機與成效。普林斯頓大學教授安妮· 克魯格（Anne Krueger）便曾指出：「安全考量應有清晰界線與程序評估機制，否則終將失去公共政策的辨識性與資源調配的優先性。」

此外，當政策成本日益明顯，如商品價格上升、出口市場流失、外資觀望、盟友合作意願下降等，社會對這類「安全換保障」的說法也將日漸質疑。政策若無法明確界定「什麼是必要保護、什麼是借題發揮」，便容易導致國內政治撕裂與長期經濟信心的流失。

將關鍵產業的穩定供應納入國家安全考量，本是合理且必要的戰略選擇。然而，若這一概念被無限擴張、過度泛化，不僅難以達成真正的國安目標，反而將削弱國際信任、動搖多邊秩序，並使政策判準失焦。安全應是策略目標，而非政策萬能擋箭牌。唯有重建對國安標準的嚴謹定義與程序審查，美國才能在保障自身利益的同時，維持其全球經濟領導的正當性與穩定性。

9.4 貿易逆差迷思：真正的問題是內部失衡

「消除貿易逆差」一向是特朗普總統推動關税政策時最常見的口號之一。他反覆強調，美國長期「買多賣少」，代表國力外流，甚至形容美國是「被其他國家搶劫」。這種説法在政治上簡單有力，容易煽動選民情緒，但從經濟學的角度來看，卻是對貿易赤字本質的重大誤解。

本書透過多個章節與實證資料，系統性地指出：美國的貿易逆差並非主要來自他國操控或貿易不公平，而是源自一系列內生性經濟結構特徵。換言之，逆差不是別人「害」的，而是美國自身的經濟機制自然產生的結果。

美國作為全球儲備貨幣發行國，扮演著特殊而無可替代的角色。根據國際清算銀行與 IMF 的統計，全球約六成外匯儲備與國際貿易交易仍以美元計價。他國為了取得美元進行國際支付與儲備，勢必需要出口商品至美國市場，換取美元收入。這種「美元需求驅動出口、出口驅動美國逆差」的現象，正是美國成為貿易赤字國的貨幣結構性來源。正如哥倫比亞大學教授、前世界銀行首席經濟學家約瑟夫· 斯蒂格利茲（Joseph Stiglitz）所指出：「只要美元仍是全球通用貨幣，美國將天然承擔赤字國的角色，這既是負擔，也是霸權的表現。」

其次，美國儲蓄率長期偏低、財政赤字龐大，亦是貿易逆差的主因之一。彼得森國際經濟研究所（PIIE）的研究表明，國內儲蓄與投資的缺口會透過經常帳赤字來反映，也就是説，若美國人儲蓄不足以支撐本國的投資與消費，必然得透過進口彌補缺口，形成對外赤字。

再者，美國作為全球最大金融資本市場與消費社會，自然吸引大量外國資金流入，購買國債、股票與不動產。這些資金流入，造成美元需求上升，匯率升值，進而削弱出口競爭力，擴大進口誘因。這正是典型的「強勢貨幣一貿易赤字」連鎖效應。耶魯大學的羅伯特· 勞倫斯（Robert Lawrence）則進一步指出，美國的赤字在某種程度上是其他國家對美國資產安全的信任投票，「我們在資產市場的開放與創新，是吸引逆差的原因，而非經濟弱點。」

因此，將貿易逆差簡化為「吃虧」的象徵，實為錯置觀念。赤字的存在反映的是美國在全球經濟體系中所承擔的獨特功能，而非單方面的損失。若僅以關税手段對某些特定國家施壓，最多只是將逆差「轉移」而非「消除」。當美國對中國商品加徵關税後，許多製造鏈確實轉向越南、印度、墨西哥等地，然而整體進口額與逆差總量卻未出現明顯下降。這說明政策若不針對結構性根源，如儲蓄行為、匯率制度、預算赤字與產業投資進行調整，關稅不但無法改善逆差，反而可能導致成本上升與資源錯配。

特朗普總統口中所謂的「搶劫」，其實是一場結構性角色的錯認。真實的問題並非來自對手「賺太多」，而是自己「存太少、花太快」。理解這點，才是走出關稅迷思、真正制定長期可持續經濟政策的第一步。

9.5 關稅不能代替產業政策

另一個常見且危險的政策誤解，是將關稅視為推動產業重建的主要工具。2025 年以來，政府對鋼鐵、鋁、光伏、電池、半導體等領域大幅加徵關稅，目的是要激勵本土製造業回流、重建所謂的「工業心臟地帶」。然而，正如本書反覆強調的，關稅所能提供的僅僅是一把短期的保護傘，其作用更多是暫時抵擋國外競爭的壓力，而非實質創造長遠競爭力。

產業的復興與升級，從來不是關起門來就能完成的任務。它需要複雜而長期的結構性配套措施。首先，是穩定且具有前瞻性的技術與人才供應體系。製造業尤其高科技製造所需的不只是低成本勞動，而是大量具備實務能力的技術人才與工程背景的人力。這就涉及中學技職教育、大學工程系統培養與企業職訓制度的重構。麻省理工學院（MIT）經濟學家大衛· 奧瑟（David Autor）在其關於美國製造業空洞化的研究中明確指出，美國在 2000 年代以來工業空心化問題的核心，不是因為失去保護，而是因為失去技術與人力基礎。

其次，產業升級需要明確與針對性的技術研發誘因與精準補貼。不是所有補貼都是有效的，政府不能一味灑錢，而必須設計具引導性的政策工具，如競爭式研發補助、產學合作資助、科技成果轉化平台等。正如英國倫敦大學學院的瑪麗安娜· 馬祖卡托（Mariana Mazzucato）所提倡的「使命導向創新政策」，產業政策必須將資金與目標結合，聚焦在產業轉型的關鍵瓶頸與前沿技術上，才能真正推動結構性突破。

再者，產業投資高度依賴於基礎設施與能源價格的可預測性。道路、港口、電網與網路頻寬等硬體設施，決定著一個地區是否具有物流與生產的比較優勢。同時，能源價格的穩定與低碳政策的配套，亦是製造業選址與布局的重要參考。若缺乏這些基礎條件，即使有關稅保護，也難以吸引企業投入長期資本與技術。

此外，企業進入與擴產最在意的是市場預期的穩定性。無論是國內消費者還是出口需求，若政策反覆無常、貿易環境充滿不確定性，企業將選擇觀望甚至撤資。這也正是許多業者對 2025 年關稅政策表達擔憂的原因之一。美國商會與全國製造商協會在多份報告中指出，關稅雖可能短期內保護部分生產線，但由於看不到長期政策穩定性與供應鏈整合戰略，企業更傾向選擇亞洲或墨西哥設廠，以分散風險與維持出口彈性。

歷史早已提供正反案例可供借鑑。1980 年代美國半導體產業確曾面臨日韓競爭壓力，但美國的回應不是純粹加稅，而是透過創建「半導體製造技術聯盟（SEMATECH）」整合政府、企業與學界資源，加上軍方與 NASA 的大量採購需求支撐，才使得美國晶片產業在創新與技術上重新取得優勢。同樣地，航太產業的興起也依賴於龐大的基礎科研、長期培養的工程團隊與全球訂單的市場擴張，而非關稅保護。

關稅作為產業政策工具，其可用性極為有限。它或許能在特定情境下為脆弱產業爭取喘息空間，但若無相應的教育、研發、基建與市場策略支撐，最終只會變成延命藥而非再生劑。要重建美國的產業，必須回到系統性改革與長期投入的正軌上，而不是寄望於關稅這種表面化、短視近利的手段。

9.6 真正改革需要結構性努力

在美國面對對外經濟壓力與貿易失衡之際，過去政府常以加徵關稅作為快速應對手段，試圖重塑貿易平衡、保護本土產業。然而，多位經濟學者一致指出，關稅只是短效藥，無法解決深層結構性問題。

若美國真欲重建其全球經濟競爭力，所需的不只是強硬的貿易手段，而是一場結構性的改革，涵蓋財政、儲蓄、創新體系與國際合作四大領域。

控制財政赤字、減少對外資金依賴，是重建經濟自主性的重要一環。美國過去十多年來龐大的財政赤字與公共債務規模，讓其越來越依賴外資購買國債，成為全球資金市場的吸血者。此一現象不僅增加美國對全球利率與貨幣政策的敏感度，也削弱其政策空間。前美國財政部長暨哈佛大學經濟學教授勞倫斯· 薩默斯（Lawrence Summers）曾強調，美國若無法有效削減赤字，將長期處於對外部資金過度依賴的風險之中。他指出，赤字問題不只是帳面上的財政問題，更是戰略與國安問題。唯有建立可持續的財政框架，才能使美國的經濟主權得以鞏固，擺脫對外部資金的結構性脆弱性。

而與赤字問題相伴而生的，則是國民儲蓄率的長期偏低。美國向來以高消費、低儲蓄著稱，這不僅對個人財務造成風險，也影響整體資金可用性，使投資與創新活動過度仰賴外資支持。已故的哈佛大學經濟學家、曾任美國國家經濟研究局（NBER）主席的馬丁· 費爾斯坦（Martin Feldstein）早在 1990 年代就指出，美國經常帳赤字的根源，並不在於他國的貿易不公，而是在於美國自身儲蓄不足。費爾斯坦認為，提高家庭儲蓄、改革稅制以獎勵儲蓄行為，是降低經常帳赤字與對外依賴的關鍵。他的觀點亦被多項後續研究驗證：只要儲蓄結構未改，即使對部分國家加徵高額關稅，貿易赤字仍會透過其他商品或國家轉移而持續存在。

然而，財政與儲蓄改革仍只是基礎工程，真正決定一國未來競爭力的，是其創新與人力資本體系。在這方面，諾貝爾經濟學獎得主、斯坦福大學前教授、現任紐約大學的保羅· 羅默（Paul Romer）提出了一個核心主張：經濟增長的根源不再只是資本與勞力，而是「思想的累積」。換言之，知識、創新與制度安排，才是真正能帶來持續生產力提升的源泉。羅默指出，若美國忽視基礎教育、削減研究經費，儘管短期內可能透過關稅保護部分產業，長遠來看卻會喪失全球創新領導地位。尤其在人工智慧、生物科技與綠能轉型等新興領域，教育與研發的公共投資將是國家競爭的決勝點。他呼籲政府強化 STEM 教育、恢復對大學與國家實驗室的長期資助，並建立更緊密的學研產合作平台。

結構改革的成功亦需搭配有效的國際政策協調。單邊主義固然能在短期內展現政治強硬姿態，但長期而言卻可能削弱美國在全球制度建構中的主導力。哈佛大學政治經濟學教授丹尼· 羅德里克（Dani Rodrik）對此有深刻見解。他認為，貿易自由化若缺乏與民主制度的協調，將會加劇國內不平等與政治反彈。他在《直言全球化》（Straight Talk on Trade）一書中指出，真正的全球化政策應建立在民主對話與跨國協議基礎上，而非以制裁與壁壘威脅合作夥伴。美國若能重新與歐盟、日本等民主盟友共同制定貿易與產業新規範，不僅能對抗中國等威權經濟體制的挑戰，更可重塑以規則為本、開放與公平兼具的新經濟秩序。

美國若欲真正改善其對外經濟地位，關稅不該是主菜，而僅能作為配角。真正有效的策略，需從內部結構做起：修補財政漏洞、強化儲蓄體質、投資創新教育、重建國際信任。正如以上幾位重量級經濟學者所指出，這些改革雖不會在短期內收割選票，但卻是確保美國在21世紀經濟舞台上長盛不衰的基石。國策若能順應這些建言，才有可能擺脫關稅之短效迷思，重回制度設計與創新引領的黃金時代。

這些改革艱鉅且成效不易速見，但唯有這樣的深層調整，才能讓美國在未來的全球經濟中站穩腳步，不再被短期政治所左右。

最**終**章

給總統的信

親愛的特朗普總統小朋友：

你好！

我知道你最近在玩一個很大的經濟遊戲，叫做「新關稅政策」，你還給它取了一個很有氣勢的名字，叫「解放日」。你說，你要讓別人少賣東西給我們，讓我們多自己做東西，這樣美國就會變得又強又有錢。嗯，這聽起來好像挺厲害的對吧？但我想向你解釋一下，這個想法為什麼有點像是用手捂住嘴巴，想讓自己說話更大聲，絕對是行不通的。

我們來慢慢講。

一、你說關稅可以讓我們變富，其實它是讓東西變貴

你把「關稅」當作一種對別人的懲罰，好像是在說：「嘿，你們賣太多東西給我了，從現在開始我要對你們收一點進門費！」可是，小朋友你知道嗎？當你向賣東西的人收費，那個人就會把錢加到東西上面，結果我們自己的人要花更多錢才能買回來。

這就好像你的家人要去超市買進口糖果，原本一包要 1 塊錢，但你突然說：「我要收超市 20% 的進口糖果稅！」於是老闆就說：「好啊，那我把價格改成 1.4 元。」結果，還是你家人掏腰包，還比以前貴。

所以當你說「我們每天可以從關稅賺 20 億」，那其實是你從美國人自己口袋裡拿的錢，再放回政府的口袋。你沒有讓我們變富，只是把左口袋的錢放到右口袋，然後還丟了一些在地上。

二、你說關稅可以讓工廠回來，其實是讓工廠更難過

你希望鋼鐵廠、汽車廠都搬回來，這個想法聽起來像是「我想我們家自己種菜、種米、做醬油和醋，不靠外面了」。但問題是，我們家現在的人都不太會做這些事了，而且做起來又貴又慢。

過去我們把很多工作分給其他國家做，是因為他們做得便宜、快，我們就可以省下時間去做更有價值的事，比如設計、研發、發明新東西。你說要把所有事都自己做，這就像讓最會寫程式的人，回去當廚師炒菜，然後再抱怨：「你怎麼炒得這麼慢還花這麼多錢？」

結果，廠商的材料變貴了，利潤變少了，他們就不想在美國投資，甚至還搬去別的國家。你原本想留住工作，結果反而讓工作跑掉。這是不是有點像你蓋了一堵牆，想擋住雨，結果雨水卻從四方八面灑進來？

三、你說這是為了公平，但世界不是打架比力氣的遊戲

你常說：「他們對我徵收 25% 的稅，我也要回敬他們 25% ！」聽起來就像是在說：「你打我一拳，我也打你一拳。」這種想法在酒吧也許管用，但經濟不是比拳頭的遊戲，而是比誰能讓更多人願意跟你做朋友。

很多時候，其他國家稅率高，是因為他們市場小、發展慢，他們也要保

護自己。美國本來是最強的老大，大家都想來賣東西給我們、賺美元，我們的地位好到不需要像他們那樣設這麼多門檻。你現在說要跟他們一樣，反而是放棄自己的優勢。

更奇怪的是，你說要對每個國家都「公平」，結果變成所有人你都收關稅——包括你最好的朋友加拿大、日本。這就好像你為了教訓班上偷你橡皮擦的小明，結果連坐你旁邊借你筆的小美也一起處罰了。久而久之，朋友們會覺得你不講理，就不想跟你玩了。

四、你說要保護美國，其實有時反而害了自己

你最常說的一句話是「經濟安全就是國家安全」。我同意這一點，的確我們不能完全依賴別人來供應最重要的東西，比如晶片、疫苗、軍用零件等等。但這不代表我們什麼都要自己做，或什麼都不讓別人賣給我們。

真正的安全是有多個選擇、穩定的來源。像你有好幾支鉛筆，就算掉了一支，還有其他的可以用；但如果你只留一支，還鎖在抽屜裡，一斷了就什麼都沒了。

你現在做的事，有點像把所有東西都鎖起來，只相信自己。這不是真的安全，是讓我們變得更脆弱。像我們要發展新能源、電動車、AI，我們其實也需要來自各國的技術與原料。你如果把別人趕走，將來就得自己背全部的責任，成本高、效率低，最後可能什麼都做不好。

五、你最該做的，其實不是築牆，而是種樹

特朗普，我知道你很希望美國變強。這是很好的願望。可惜你選了一種築牆的方式來做這件事。你想用牆擋外國貨、擋競爭、擋花出去的錢，但其實，我們真正需要的，是種樹。

什麼是種樹？就是讓人才長出來、讓創新冒出來、讓我們的產品更厲害、我們的公司更有競爭力。當我們能做出更好的東西，世界自然會來買，我們就不用怕別人賣東西給我們。你不需要把窗戶關起來，你只要讓自己屋子更溫暖、有光亮，別人自然會被吸引。

最後，我想送你三個小建議：

先別急著打人，先聽聽別人在說什麼。有時候別人的做法是因為他們也在保護自己，不是要害你。

不要把「國家安全」當作萬用藉口。這是很重要的詞，不能常常拿來嚇人。

如果真的想要製造業回來，就要投資教育、基建與創新，不是靠把門關起來就能做到的。

你是個有主見、很有自信的小孩，這很好。但希望你也能學著多問「為什麼」，而不是只問「怎麼懲罰別人」。因為你要當的是班長，是帶大家走前面的領頭人，不是打人最多的那一個。

祝你越來越聰明，真正讓美國變得又強又有風度。

你誠懇的經濟老師